Analisi Matematica 1
Esercizi Integrali

Alessio Mangoni

collana Università Vol. 2

©2020 Alessio Mangoni. Tutti i diritti riservati.

ISBN: 9798678313904

Libro appartenente alla collana "Università":

Vol. I) Analisi Matematica I: Esercizi Serie - ISBN 9798638177768

Vol. II) Analisi Matematica I: Esercizi Integrali - ISBN 9798678313904

Vol. III) Analisi Matematica I: Esercizi Studio di Funzione - ISBN 9798490451280

DR. ALESSIO MANGONI, PHD

Scienziato e fisico teorico delle particelle, attivo nel campo della fisica delle alte energie e della fisica nucleare, autore di numerosi articoli di ricerca scientifica pubblicati su riviste internazionali, consultabili al link:

http://inspirehep.net/author/profile/A.Mangoni.1

https://www.alessiomangoni.it

I edizione, Agosto 2020

$$\int_a^b f(x)\,dx$$

Indice

Indice 5

1 Introduzione 13

2 Richiami teorici 15

2.1 Derivate e integrali   15

2.2 Integrali particolari   21

2.3	Integrazione per parti	22
2.4	Integrazione per sostituzione	28

3 Esercizi 31

3.1	Esercizio 1	31
3.2	Esercizio 2	32
3.3	Esercizio 3	32
3.4	Esercizio 4	32
3.5	Esercizio 5	32
3.6	Esercizio 6	33
3.7	Esercizio 7	33
3.8	Esercizio 8	33
3.9	Esercizio 9	33
3.10	Esercizio 10	34
3.11	Esercizio 11	34
3.12	Esercizio 12	34

3.13 Esercizio 13   35

3.14 Esercizio 14   35

3.15 Esercizio 15   35

3.16 Esercizio 16   35

3.17 Esercizio 17   36

3.18 Esercizio 18   36

3.19 Esercizio 19   36

3.20 Esercizio 20   36

3.21 Esercizio 21   37

3.22 Esercizio 22   37

3.23 Esercizio 23   37

3.24 Esercizio 24   38

3.25 Esercizio 25   38

3.26 Esercizio 26   38

3.27 Esercizio 27   38

3.28 Esercizio 28   39

3.29	Esercizio 29	39
3.30	Esercizio 30	39

4 Soluzioni 41

4.1	Esercizio 1	41
4.2	Esercizio 2	42
4.3	Esercizio 3	42
4.4	Esercizio 4	43
4.5	Esercizio 5	43
4.6	Esercizio 6	44
4.7	Esercizio 7	44
4.8	Esercizio 8	45
4.9	Esercizio 9	45
4.10	Esercizio 10	46
4.11	Esercizio 11	47
4.12	Esercizio 12	47

4.13 Esercizio 13	48
4.14 Esercizio 14	48
4.15 Esercizio 15	49
4.16 Esercizio 16	49
4.17 Esercizio 17	50
4.18 Esercizio 18	50
4.19 Esercizio 19	51
4.20 Esercizio 20	51
4.21 Esercizio 21	52
4.22 Esercizio 22	53
4.23 Esercizio 23	53
4.24 Esercizio 24	54
4.25 Esercizio 25	54
4.26 Esercizio 26	55
4.27 Esercizio 27	55
4.28 Esercizio 28	56

4.29	Esercizio 29	56
4.30	Esercizio 30	57

5 Svolgimento 59

5.1	Esercizio 1	59
5.2	Esercizio 2	64
5.3	Esercizio 3	66
5.4	Esercizio 4	68
5.5	Esercizio 5	72
5.6	Esercizio 6	74
5.7	Esercizio 7	76
5.8	Esercizio 8	80
5.9	Esercizio 9	82
5.10	Esercizio 10	88
5.11	Esercizio 11	90
5.12	Esercizio 12	93

5.13 Esercizio 13	95
5.14 Esercizio 14	97
5.15 Esercizio 15	99
5.16 Esercizio 16	102
5.17 Esercizio 17	106
5.18 Esercizio 18	109
5.19 Esercizio 19	111
5.20 Esercizio 20	114
5.21 Esercizio 21	119
5.22 Esercizio 22	124
5.23 Esercizio 23	129
5.24 Esercizio 24	131
5.25 Esercizio 25	133
5.26 Esercizio 26	135
5.27 Esercizio 27	138
5.28 Esercizio 28	142

5.29 Esercizio 29	146
5.30 Esercizio 30	149

$$\int_a^b f(x)\,dx$$

1. Introduzione

Il calcolo integrale rappresenta uno degli argomenti più importanti presenti nei primi esami di matematica all'Università, in corsi di laurea come fisica, matematica o ingegneria. Questo libro vuole essere il riferimento ideale per esercitarsi sullo svolgimento degli esercizi tipici degli esami. Vengono proposti e risolti originali esercizi di vario tipo e difficoltà, tutti ampiamente commentati.

©2020 Dr. Alessio Mangoni I ed. 9798678313904

Capitolo 1. Introduzione

Nel primo capitolo ci sono i testi degli esercizi, nel secondo solo i risultati, mentre nel terzo lo svolgimento dettagliato e completo. Si consiglia di provare a risolvere gli esercizi, confrontandosi poi con la soluzione e di seguire attentamente lo svolgimento relativo in caso di errore o di eventuali dubbi.

©2020 Dr. Alessio Mangoni   I ed. 9798678313904

$$\int_a^b f(x)\,dx$$

2. Richiami teorici

2.1 Derivate e integrali

Iniziamo questo capitolo richiamando alcuni risultati noti che riguardano le derivate di funzioni composte. Innanzitutto scriviamo la cosiddetta regola della catena che afferma che la derivata di una funzione composta $f(g(x))$ è uguale alla derivata della funzione più esterna rispetto alla funzione più interna (df/dg) moltiplicata per la derivata della funzione più interna rispetto alla variabile indipendente x, ovvero $dg/dx = g'(x)$. In formule abbiamo

$$\frac{d}{dx} f\Big(g(x)\Big) = f'\Big(g(x)\Big) \cdot g'(x).$$

Come esempio consideriamo le funzioni

$$f(x) = x^3, \quad g(x) = \sin x$$

che hanno derivate, rispettivamente,

$$f'(x) = 3x^2, \quad g'(x) = \cos x.$$

Possiamo definire la funzione composta h

$$h(x) = (f \circ g)(x) = f\Big(g(x)\Big),$$

da cui

$$h(x) = \sin^3 x$$

2.1 Derivate e integrali

e calcolarne la derivata rispetto a x. Applicando la regola della catena otteniamo

$$\frac{dh}{dx} = (3\sin^2 x) \cdot (\cos x),$$

dove il primo fattore a secondo membro, messo tra parentesi tonde, rappresenta il termine (df/dg), mentre il secondo non è altro che la derivata $g'(x)$.
Ricordiamo anche che la derivata di una funzione $f(x)$ rispetto ad x è definita come il limite, se esiste finito, del suo rapporto incrementale. In formule si ha

$$f'(x) = \frac{df}{dx} = \lim_{h\to 0} \frac{f(x+h) - f(x)}{h}.$$

Prendiamo come esempio la funzione

$$f(x) = x^3 + 3x - 2,$$

il suo rapporto incrementale si può scrivere come

$$\frac{(x+h)^3 + 3(x+h) - 2 - x^3 - 3x + 2}{h},$$

che semplificato diventa

$$h^2 + 3x^2 + 3xh + 3,$$

da cui, prendendone il limite per h che tende a 0, si ottiene la derivata di $f(x)$

$$f'(x) = 3x^2 + 3.$$

Riportiamo ora le derivate di funzioni note o elementari. Valgono i seguenti risultati

$$\frac{d}{dx} x^\alpha = \alpha x^{\alpha-1},$$

$$\frac{d}{dx} e^x = e^x,$$

$$\frac{d}{dx} a^x = a^x \cdot \ln a,$$

$$\frac{d}{dx} \ln x = \frac{1}{x},$$

$$\frac{d}{dx} \log_a x = \frac{1}{x \cdot \ln a},$$

$$\frac{d}{dx} \sin x = \cos x,$$

2.1 Derivate e integrali

$$\frac{d}{dx}\cos x = -\sin x,$$

$$\frac{d}{dx}\tan x = \frac{1}{\cos^2 x},$$

$$\frac{d}{dx}\cot x = -\frac{1}{\sin^2 x},$$

$$\frac{d}{dx}\arcsin x = \frac{1}{\sqrt{1-x^2}},$$

$$\frac{d}{dx}\arccos x = -\frac{1}{\sqrt{1-x^2}},$$

$$\frac{d}{dx}\arctan x = \frac{1}{1+x^2},$$

$$\frac{d}{dx}\sqrt{x} = \frac{1}{2\sqrt{x}},$$

$$\frac{d}{dx}\frac{1}{x} = -\frac{1}{x^2},$$

$$\frac{d}{dx}\frac{1}{\sqrt{x}} = -\frac{1}{2\sqrt{x^3}}.$$

Gli stessi calcoli si possono fare prendendo casi più generali di funzioni composte, in cui una funzione rimane generica, mentre l'altra è una di quelle note presentate sopra. Abbiamo quindi

$$\frac{d}{dx}\left[f(x)\right]^{\alpha} = \alpha \left[f(x)\right]^{\alpha-1} \cdot f'(x),$$

$$\frac{d}{dx} e^{f(x)} = e^{f(x)} \cdot f'(x),$$

$$\frac{d}{dx} a^{f(x)} = a^{f(x)} \cdot \ln a \cdot f'(x),$$

$$\frac{d}{dx} \ln\left[f(x)\right] = \frac{f'(x)}{f(x)},$$

$$\frac{d}{dx} \log_a\left[f(x)\right] = \frac{f'(x)}{f(x) \cdot \ln a},$$

$$\frac{d}{dx} \sin\left[f(x)\right] = \cos\left[f(x)\right] \cdot f'(x),$$

$$\frac{d}{dx} \cos\left[f(x)\right] = -\sin\left[f(x)\right] \cdot f'(x),$$

$$\frac{d}{dx} \tan\left[f(x)\right] = \frac{f'(x)}{\cos^2\left[f(x)\right]},$$

$$\frac{d}{dx} \cot\left[f(x)\right] = -\frac{f'(x)}{\sin^2\left[f(x)\right]},$$

$$\frac{d}{dx} \arcsin\left[f(x)\right] = \frac{f'(x)}{\sqrt{1-f^2(x)}},$$

$$\frac{d}{dx}\arccos\left[f(x)\right] = -\frac{f'(x)}{\sqrt{1-f^2(x)}},$$

$$\frac{d}{dx}\arctan\left[f(x)\right] = \frac{f'(x)}{1+f^2(x)},$$

$$\frac{d}{dx}\sqrt{f(x)} = \frac{f'(x)}{2\sqrt{f(x)}},$$

$$\frac{d}{dx}\frac{1}{f(x)} = -\frac{f'(x)}{f^2(x)},$$

$$\frac{d}{dx}\frac{1}{\sqrt{f(x)}} = -\frac{f'(x)}{2\sqrt{f^3(x)}}.$$

2.2 Integrali particolari

$$\int f^{\alpha}(x) \cdot f'(x)\, dx = \frac{f^{\alpha+1}(x)}{\alpha+1} + c,$$

$$\int f'(x) \cdot e^{f(x)}\, dx = e^{f(x)} + c,$$

$$\int \frac{f'(x)}{f(x)}\, dx = \ln\left|f(x)\right| + c,$$

$$\int \sin\left[f(x)\right] f'(x)\, dx = -\cos\left[f(x)\right] + c,$$

$$\int \cos\left[f(x)\right] f'(x)\, dx = \sin\left[f(x)\right] + c,$$

$$\int \frac{f'(x)}{\cos^2\left[f(x)\right]} dx = \tan\left[f(x)\right] + c,$$

$$\int \frac{f'(x)}{\sin^2\left[f(x)\right]} dx = -\cot\left[f(x)\right] + c,$$

$$\int \frac{f'(x)}{\sqrt{1-f^2(x)}} dx = \arcsin\left[f(x)\right] + c,$$

$$\int \frac{f'(x)}{1+f^2(x)} dx = \arctan\left[f(x)\right] + c,$$

$$\int \frac{f'(x)}{2\sqrt{f(x)}} dx = \sqrt{f(x)} + c,$$

$$\int \frac{f'(x)}{f^2(x)} dx = -\frac{1}{f(x)} + c,$$

$$\int \frac{f'(x)}{\sqrt{f^3(x)}} = -\frac{2}{\sqrt{f(x)}} + c.$$

2.3 Integrazione per parti

Uno strumento molto utile per il calcolo di integrali è l'integrazione per parti. Questa nasce dalla proprietà

2.3 Integrazione per parti

della derivata del prodotto di due funzioni. Partiamo infatti dal risultato del calcolo differenziale

$$\frac{d}{dx}(f \cdot g) = f' \cdot g + f \cdot g',$$

dove f e g sono due funzioni derivabili e abbiamo scritto f e g anziché $f(x)$ e $g(x)$ per semplicità, sottintendendo la dipendenza dalla variabile x. Possiamo esplicitare il primo addendo del secondo membro $(f \cdot g)$ e integrare, ottenendo

$$f'g = \frac{d}{dx}(fg) - fg',$$

$$\int f'g\,dx = \int \frac{d}{dx}(fg)\,dx - \int fg'\,dx,$$

$$\int f'g\,dx = fg - \int fg'\,dx,$$

avendo usato, per giungere all'ultima espressione, il teorema fondamentale del calcolo integrale. Osserviamo ora che la funzione f è una primitiva della funzione f' (questo equivale a dire che f' è la derivata di f). Vista l'arbitrarietà delle funzioni f e g nella formula appena trovata e tenuto conto della gerarchia tra le due funzioni possiamo rinominare, per comodità, f con F e f' con f, mantenendo la relazione che F è una primitiva di f. Sostituendo otteniamo il risultato banale, ma di importanza fondamentale,

$$\int fg\,dx = Fg - \int Fg'\,dx.$$

Questo indica che l'integrale del prodotto di due funzioni arbitrarie f e g (con f continua e g derivabile, in modo che abbiano senso le operazioni effettuate nelle formule) è dato dalla differenza tra il prodotto della primitiva di f per la g e l'integrale del prodotto della primitiva di f per la derivata di g. L'utilità pratica di questo risultato si ha, di solito, quando l'integrale a secondo membro risulta di più facile calcolo rispetto a quello iniziale a primo membro. Come esempio calcoliamo il seguente integrale

$$\int x\cos x\,dx.$$

2.3 Integrazione per parti

Possiamo considerare la funzione integranda $x\cos x$ come prodotto tra le funzioni $g(x) = x$ e $f(x) = \cos x$. Dobbiamo calcolare la derivata $g'(x)$ e una primitiva $F(x)$, cioè

$$g'(x) = \frac{d}{dx}x = 1,$$

$$F(x) = \sin x.$$

Utilizziamo la formula di integrazione per parti

$$\int fg\,dx = Fg - \int Fg'\,dx,$$

per ottenere

$$\int x\cos x\,dx = x\sin x - \int \sin x\,dx,$$

da cui, essendo,

$$\int \sin x\,dx = -\cos x + c,$$

con c costante reale arbitraria, otteniamo

$$\int x\cos x\,dx = x\sin x + \cos x + c$$

e abbiamo dunque risolto l'integrale proposto, in un modo semplice e veloce.

La formula di integrazione per parti è valida anche per integrali definiti, a patto di mettere gli estremi di integrazione al posto giusto. Vale infatti la formula

$$\int_a^b fg\,dx = \Big[Fg\Big]_a^b - \int_a^b Fg'\,dx,$$

dove ricordiamo che il contenuto delle parentesi quadre deve essere valutato prima in b e poi in a nel modo seguente

$$\Big[F(x)g(x)\Big]_a^b = F(b)g(b) - F(a)g(a).$$

Uno degli integrali che si calcolano facilmente tramite l'integrazione per parti è il seguente

$$\int \sin^2 x\,dx.$$

La funzione integranda $\sin^2 x$ può essere vista come prodotto tra le funzioni $g(x) = \sin x$ e $f(x) = \sin x$. Calcolia-

2.3 Integrazione per parti

mo la derivata $g'(x)$ e una primitiva $F(x)$, abbiamo

$$g'(x) = \frac{d}{dx}\sin x = \cos x,$$

$$F(x) = -\cos x.$$

Applichiamo la formula di integrazione per parti

$$\int \sin^2 x\, dx = -\cos x \sin x + \int \cos^2 x\, dx,$$

usando la formula fondamentale della trigonometria

$$\sin^2 x + \cos^2 x = 1, \quad \cos^2 x = 1 - \sin^2 x,$$

si ottengono

$$\int \sin^2 x\, dx = -\cos x \sin x$$
$$+ \int (1 - \sin^2 x)\, dx,$$

$$\int \sin^2 x\, dx = -\cos x \sin x$$
$$+ \int dx - \int \sin^2 x\, dx,$$

$$2\int \sin^2 x\, dx = -\cos x \sin x + \int dx.$$

Infine

$$2\int \sin^2 x\, dx = x - \cos x \sin x + c,$$

$$\int \sin^2 x\, dx = \frac{x - \cos x \sin x}{2} + c,$$

con $c \in \mathbb{R}$.

Analogamente si ottiene

$$\int \cos^2 x\, dx = \frac{x + \cos x \sin x}{2} + c, \qquad (2.1)$$

con $c \in \mathbb{R}$.

2.4 Integrazione per sostituzione

Un altro strumento importante per il calcolo degli integrali è l'integrazione per sostituzione. Questa prevede di sostituire, con adeguati passaggi, la variabile di integrazione con una funzione di un'altra variabile ausiliaria. Partiamo dall'integrale indefinito

$$\int f(x)\, dx.$$

2.4 Integrazione per sostituzione

Vogliamo effettuare la sostituzione

$$x = g(t),$$

dove t è la nuova variabile. Per farlo occorre scrivere il differenziale dx in funzione del nuovo differenziale dt, usando l'identità

$$\frac{d}{dt}g(t) = \frac{dx}{dt},$$

da cui

$$\frac{dx}{dt} = g'(t), \quad dx = g'(t)\,dt.$$

La formula per l'integrazione per sostituzione prevede che l'integrale originale in x possa essere scritto come integrale in t come segue

$$\int f(g(t)) \cdot g'(t)\,dt,$$

dove sono state effettuate le sostituzioni

$$x \to g(t), \quad dx \to g'(t)\,dt.$$

Per avere un'espressione che fornisca lo stesso risultato dell'integrale iniziale della funzione $f(x)$ occorre sostituire al risultato finale $t = g^{-1}(x)$ per avere il risultato scritto nella variabile x. Nel caso di un integrale definito, essendo la variabile di integrazione una variabile muta, occorre semplicemente cambiare gli estremi di integrazione. Abbiamo cioè

$$\int_a^b f(x)\,dx = \int_{g^{-1}(a)}^{g^{-1}(b)} f(g(t)) \cdot g'(t)\,dt.$$

Osserviamo che l'estremo di integrazione è stato sostituito con il valore che assume la nuova variabile t quando la vecchia variabile x vale rispettivamente a e b.

$$\int_a^b f(x)\,dx$$

3. Esercizi

3.1 Esercizio 1

Si calcoli il seguente integrale

$$\int \frac{x-8}{2x^2+21x-11}\,dx$$

3.2 Esercizio 2

Si calcoli il seguente integrale

$$\int \frac{\log x}{\sqrt{x}} dx$$

3.3 Esercizio 3

Si calcoli il seguente integrale

$$\int \frac{1-\sqrt{x}}{\sqrt{x}(x+1)} dx$$

3.4 Esercizio 4

Si calcoli il seguente integrale

$$\int \sin(\log x^2) dx$$

3.5 Esercizio 5

Si calcoli il seguente integrale

$$\int_{\pi/3}^{\pi/2} \frac{1}{\sin x} dx$$

3.6 Esercizio 6

Si calcoli il seguente integrale

$$\int \frac{\cos x}{3+\sin^2 x}\,dx$$

3.7 Esercizio 7

Si calcoli il seguente integrale

$$\int \frac{x^3 - 6x^2 + 11x - 6}{(x^2-9)(x^2+1)}\,dx$$

3.8 Esercizio 8

Si calcoli il seguente integrale

$$\int \frac{e^{2x}}{9+e^{4x}}\,dx$$

3.9 Esercizio 9

Si calcoli il seguente integrale

$$\int_0^x f(t)\,dt, \quad x \in [0,2],$$

dove $f(x)$ è definita da

$$f(x) = \begin{cases} \frac{x+3}{x^2-2x-3} & \text{se } 0 \leq x \leq 1 \\ e - 1 - e^x & \text{se } 1 < x \leq 2 \end{cases}$$

3.10   Esercizio 10

Si calcoli il seguente integrale

$$\int \frac{5x}{\sqrt{2x+1}} dx$$

3.11   Esercizio 11

Si calcoli il seguente integrale

$$\int \log\left(1 + \sqrt{x}\right) dx$$

3.12   Esercizio 12

Si calcoli il seguente integrale

$$\int x^5 \cos\left(3x^3\right) dx$$

3.13 Esercizio 13

Si calcoli il seguente integrale

$$\int \sqrt{9-x^2}\, dx$$

3.14 Esercizio 14

Si calcoli il seguente integrale

$$\int \frac{\log x^2}{x}\, dx$$

3.15 Esercizio 15

Si calcoli il seguente integrale

$$\int e^{-x} \sin^2 x\, dx$$

3.16 Esercizio 16

Si calcoli il seguente integrale

$$\int \frac{3x+1}{x^2+2x+3}\, dx$$

3.17 Esercizio 17

Si calcoli il seguente integrale

$$\int_2^4 \frac{x-2}{x^2+3x-4}\,dx$$

3.18 Esercizio 18

Si calcoli il seguente integrale

$$\int \sin^3 x\,dx$$

3.19 Esercizio 19

Si calcoli il seguente integrale

$$\int \frac{x+3}{x^2+2}\,dx$$

3.20 Esercizio 20

Si calcoli il seguente integrale

$$\int_{-1}^{x} f(t)\,dt, \quad x \in [-1,3],$$

dove $f(x)$ è definita da

$$f(x) = \begin{cases} \frac{1-x^2}{x^2+2} & \text{se } -1 \leq x \leq 1 \\ \log x & \text{se } 1 < x \leq 3 \end{cases}$$

3.21 Esercizio 21

Si calcoli il seguente integrale

$$\int \frac{x}{(x^2+4)(x-3)} dx$$

3.22 Esercizio 22

Si calcoli il seguente integrale

$$\int (\sqrt{4-x^2}+1)^2 dx$$

3.23 Esercizio 23

Si calcoli il seguente integrale

$$\int x^2 e^{2x} dx$$

3.24 Esercizio 24

Si calcoli il seguente integrale

$$\int \frac{\sin x \cos x}{1 + \sin x} dx$$

3.25 Esercizio 25

Si calcoli il seguente integrale

$$\int \frac{2}{x^2 - 2x + 1} dx$$

3.26 Esercizio 26

Si calcoli il seguente integrale

$$\int e^x \cos^2 x \, dx$$

3.27 Esercizio 27

Si calcoli il seguente integrale

$$\int \frac{1}{4\sqrt{x-1} - x - 3} dx$$

3.28 Esercizio 28

Si calcoli il seguente integrale

$$\int \frac{3x+1}{x^2-5x-14}\,dx$$

3.29 Esercizio 29

Si calcoli il seguente integrale

$$\int \frac{1}{\cos x}\,dx$$

3.30 Esercizio 30

Si calcoli il seguente integrale

$$\int \log\left(1-3\sqrt{x}\right)dx$$

$$\int_a^b f(x)\,dx$$

4. Soluzioni

Riportiamo in questo capitolo solo i risultati degli esercizi, lo svolgimento completo si trova infatti nel capitolo successivo.

4.1 Esercizio 1

Testo

Si calcoli il seguente integrale

$$\int \frac{x-8}{2x^2+21x-11}\,dx$$

Risultato

$$-\frac{15}{46}\log|2x-1|+\frac{19}{23}\log|x+11|+c,$$

con $c \in \mathbb{R}$.

4.2 Esercizio 2

Testo

Si calcoli il seguente integrale

$$\int \frac{\log x}{\sqrt{x}}\,dx$$

Risultato

$$2\sqrt{x}(\log x - 2)+c,$$

con $c \in \mathbb{R}$.

4.3 Esercizio 3

Testo

Si calcoli il seguente integrale

$$\int \frac{1-\sqrt{x}}{\sqrt{x}(x+1)}\,dx$$

4.4 Esercizio 4

Risultato

$$2\arctan\sqrt{x} - \log|x+1| + c,$$

con $c \in \mathbb{R}$.

4.4 Esercizio 4

Testo

Si calcoli il seguente integrale

$$\int \sin(\log x^2)\, dx$$

Risultato

$$\frac{x}{5}\left(\sin(\log x^2) - 2\cos(\log x^2)\right) + c,$$

con $c \in \mathbb{R}$.

4.5 Esercizio 5

Testo

Si calcoli il seguente integrale

$$\int_{\pi/3}^{\pi/2} \frac{1}{\sin x}\, dx$$

Risultato

$$\frac{\log 3}{2}.$$

4.6 Esercizio 6

Testo

Si calcoli il seguente integrale

$$\int \frac{\cos x}{3+\sin^2 x} dx$$

Risultato

$$\frac{\sqrt{3}}{3} \arctan\left(\frac{\sin x}{\sqrt{3}}\right) + c,$$

con $c \in \mathbb{R}$.

4.7 Esercizio 7

Testo

Si calcoli il seguente integrale

$$\int \frac{x^3 - 6x^2 + 11x - 6}{(x^2 - 9)(x^2 + 1)} dx$$

Risultato

$$2\log|x+3| - \frac{1}{2}\log|x^2+1| + c,$$

con $c \in \mathbb{R}$.

4.8 Esercizio 8

Testo

Si calcoli il seguente integrale

$$\int \frac{e^{2x}}{9+e^{4x}} dx$$

Risultato

$$\frac{1}{6}\arctan\left(\frac{e^{2x}}{3}\right) + c,$$

con $c \in \mathbb{R}$.

4.9 Esercizio 9

Testo

Si calcoli il seguente integrale

$$\int_0^x f(t)\,dt, \quad x \in [0,2],$$

dove $f(x)$ è definita da

$$f(x) = \begin{cases} \frac{x+3}{x^2-2x-3} & \text{se } 0 \leq x \leq 1 \\ e-1-e^x & \text{se } 1 < x \leq 2 \end{cases}$$

Risultato

$$\begin{cases} -\frac{1}{2}\log(|x-3|/3) + \frac{3}{2}\log|x+1| & \text{se } 0 \leq x \leq 1 \\ \log 2 + \log\sqrt{3} + (e-1)x - e^x - 1 & \text{se } 1 < x \leq 2 \end{cases}.$$

4.10 Esercizio 10

Testo

Si calcoli il seguente integrale

$$\int \frac{5x}{\sqrt{2x+1}} dx$$

Risultato

$$\frac{5}{3}\sqrt{2x+1}(x-1) + c,$$

con $c \in \mathbb{R}$.

4.11 Esercizio 11

Testo

Si calcoli il seguente integrale

$$\int \log\left(1+\sqrt{x}\right) dx$$

Risultato

$$(x-1)\log\left(1+\sqrt{x}\right)+\sqrt{x}-\frac{x}{2}+c,$$

con $c \in \mathbb{R}$.

4.12 Esercizio 12

Testo

Si calcoli il seguente integrale

$$\int x^5 \cos\left(3x^3\right) dx$$

Risultato

$$\frac{x^3 \sin\left(3x^3\right)}{9}+\frac{\cos\left(3x^3\right)}{27}+c,$$

con $c \in \mathbb{R}$.

4.13 Esercizio 13

Testo

Si calcoli il seguente integrale

$$\int \sqrt{9-x^2}\,dx$$

Risultato

$$\frac{9}{2}\arcsin\left(\frac{x}{3}\right) + \frac{1}{2}x\sqrt{9-x^2} + c,$$

con $c \in \mathbb{R}$.

4.14 Esercizio 14

Testo

Si calcoli il seguente integrale

$$\int \frac{\log x^2}{x}\,dx$$

Risultato

$$\log^2 x + c,$$

con $c \in \mathbb{R}$.

4.15 Esercizio 15

Testo

Si calcoli il seguente integrale

$$\int e^{-x} \sin^2 x \, dx$$

Risultato

$$\frac{e^{-x}}{10}(-2\sin(2x) + \cos(2x) - 5) + c,$$

con $c \in \mathbb{R}$.

4.16 Esercizio 16

Testo

Si calcoli il seguente integrale

$$\int \frac{3x+1}{x^2+2x+3} \, dx$$

Risultato

$$\frac{3}{2}\log(x^2+2x+3) - \sqrt{2}\arctan\left(\frac{x+1}{\sqrt{2}}\right) + c,$$

con $c \in \mathbb{R}$.

4.17 Esercizio 17

Testo

Si calcoli il seguente integrale

$$\int_2^4 \frac{x-2}{x^2+3x-4} dx$$

Risultato

$$\frac{1}{5} \log\left(\frac{4^6}{3^7}\right).$$

4.18 Esercizio 18

Testo

Si calcoli il seguente integrale

$$\int \sin^3 x \, dx$$

Risultato

$$\int \sin^3 x \, dx = -\frac{\sin^2 x \cos x + 2\cos x}{3} + c,$$

con $c \in \mathbb{R}$.

4.19 Esercizio 19

Testo

Si calcoli il seguente integrale

$$\int \frac{x+3}{x^2+2}\,dx$$

Risultato

$$\frac{1}{2}\log(x^2+2)+\frac{3\sqrt{2}}{2}\arctan\left(\frac{x}{\sqrt{2}}\right)+c,$$

con $c \in \mathbb{R}$.

4.20 Esercizio 20

Testo

Si calcoli il seguente integrale

$$\int_{-1}^{x} f(t)\,dt, \quad x \in [-1,3],$$

dove $f(x)$ è definita da

$$f(x) = \begin{cases} \frac{1-x^2}{x^2+2} & \text{se } -1 \leq x \leq 1 \\ \log x & \text{se } 1 < x \leq 3 \end{cases}$$

Risultato

$$\begin{cases} \frac{3\sqrt{2}}{2}\arctan\left(\frac{x}{\sqrt{2}}\right) - x + \frac{3\sqrt{2}}{2}\arctan\left(\frac{1}{\sqrt{2}}\right) - 1 \\ \text{se } -1 \leq x \leq 1 \\ 3\sqrt{2}\arctan\left(\frac{1}{\sqrt{2}}\right) + x\log(x) - x - 1 \\ \text{se } 1 < x \leq 3 \end{cases}$$

4.21 Esercizio 21

Testo

Si calcoli il seguente integrale

$$\int \frac{x}{(x^2+4)(x-3)}\,dx$$

Risultato

$$\frac{3}{13}\log|x-3| - \frac{3}{26}\log(x^2+4) + \frac{2}{13}\arctan\left(\frac{x}{2}\right) + c,$$

con $c \in \mathbb{R}$.

4.22 Esercizio 22

Testo

Si calcoli il seguente integrale

$$\int (\sqrt{4-x^2}+1)^2 \, dx$$

Risultato

$$5x - \frac{1}{3}x^3 + 4\arcsin\left(\frac{x}{2}\right) + x\sqrt{4-x^2} + c,$$

con $c \in \mathbb{R}$.

4.23 Esercizio 23

Testo

Si calcoli il seguente integrale

$$\int x^2 e^{2x} \, dx$$

Risultato

$$\left(x^2 - x + \frac{1}{2}\right)\frac{e^{2x}}{2} + c,$$

con $c \in \mathbb{R}$.

4.24 Esercizio 24

Testo

Si calcoli il seguente integrale

$$\int \frac{\sin x \cos x}{1+\sin x} dx$$

Risultato

$$\sin x - \log|1+\sin x| + c,$$

con $c \in \mathbb{R}$.

4.25 Esercizio 25

Testo

Si calcoli il seguente integrale

$$\int \frac{2}{x^2 - 2x + 1} dx$$

Risultato

$$-\frac{2}{x-1} + c,$$

con $c \in \mathbb{R}$.

4.26 Esercizio 26

Testo

Si calcoli il seguente integrale

$$\int e^x \cos^2 x\, dx$$

Risultato

$$\frac{e^x}{10}(2\sin(2x)+\cos(2x)+5)+c,$$

con $c \in \mathbb{R}$.

4.27 Esercizio 27

Testo

Si calcoli il seguente integrale

$$\int \frac{1}{4\sqrt{x-1}-x-3}\, dx$$

Risultato

$$\frac{4}{\sqrt{x-1}-2}-2\log|\sqrt{x-1}-2|+c,$$

con $c \in \mathbb{R}$.

4.28 Esercizio 28

Testo

Si calcoli il seguente integrale

$$\int \frac{3x+1}{x^2 - 5x - 14} dx$$

Risultato

$$\frac{22}{9} \log|x-7| + \frac{5}{9} \log|x+2| + c,$$

con $c \in \mathbb{R}$.

4.29 Esercizio 29

Testo

Si calcoli il seguente integrale

$$\int \frac{1}{\cos x} dx$$

Risultato

$$\log \left| \frac{1 + \tan(x/2)}{1 - \tan(x/2)} \right| + c,$$

con $c \in \mathbb{R}$.

4.30 Esercizio 30

Testo

Si calcoli il seguente integrale

$$\int \log\left(1 - 3\sqrt{x}\right) dx$$

Risultato

$$\left(x - \frac{1}{9}\right) \log\left(1 - 3\sqrt{x}\right) - \frac{\sqrt{x}}{3} - \frac{x}{2} + c,$$

con $c \in \mathbb{R}$.

$$\int_a^b f(x)\,dx$$

5. Svolgimento

5.1 Esercizio 1

Testo

Si calcoli il seguente integrale

$$\int \frac{x-8}{2x^2+21x-11}\,dx$$

Svolgimento

Si tratta dell'integrale di una funzione razionale, ovvero formata dal rapporto di due polinomi. Scomponiamo il polinomio a denominatore, calcoliamo intanto le soluzioni dell'equazione

$$2x^2 + 21x - 11 = 0,$$

il discriminante vale

$$\Delta = 21^2 - 4(2)(-11) = 441 + 88 = 529 = 23^2,$$

da cui

$$x_{1,2} = \frac{-21 \pm 23}{4},$$

cioè

$$x_1 = 11, \quad x_2 = 1/2.$$

Il denominatore dell'integranda si può quindi scrivere come

$$2x^2 + 21x - 11 = 2\left(x - \frac{1}{2}\right)(x+11) = (2x-1)(x+11).$$

5.1 Esercizio 1

L'integrale da calcolare diventa

$$\int \frac{x-8}{2x^2+21x-11}dx = \int \frac{x-8}{(2x-1)(x+11)}dx.$$

La funzione integranda presenta due zeri semplici al denominatore, pertanto la scomponiamo in questo modo

$$\frac{x-8}{(2x-1)(x+11)} = \frac{A}{2x-1} + \frac{B}{x+11},$$

dove A e B sono due costanti che vanno determinate imponendo che la precedente equazione sia un'identità (valida cioè $\forall x$). Per farlo scriviamo

$$\begin{aligned}\frac{A}{2x-1} + \frac{B}{x+11} &= \frac{A(x+11)+B(2x-1)}{(2x-1)(x+11)} \\ &= \frac{A(x+11)+B(2x-1)}{(2x-1)(x+11)} \\ &= \frac{Ax+11A+2xB-B}{(2x-1)(x+11)} \\ &= \frac{(A+2B)x+11A-B}{(2x-1)(x+11)}.\end{aligned}$$

Affinché l'espressione precedente sia un'identità dobbiamo uguagliare i coefficienti delle potenze di x di

ambo i membri (una volta semplificati i denominatori). Dall'espressione
$$\frac{x-8}{(2x-1)(x+11)} = \frac{(A+2B)x+11A-B}{(2x-1)(x+11)},$$
poniamo
$$\begin{cases} A+2B=1 \\ 11A-B=-8 \end{cases}, \begin{cases} A=1-2B \\ 11(1-2B)-B=-8 \end{cases},$$
$$\begin{cases} A=1-2B \\ -22B-B=-19 \end{cases}, \begin{cases} A=1-2B \\ 23B=19 \end{cases},$$
$$\begin{cases} A=1-2B \\ B=19/23 \end{cases}, \begin{cases} A=1-2(19/23) \\ B=19/23 \end{cases},$$
$$\begin{cases} A=(23-38)/23 \\ B=19/23 \end{cases}, \begin{cases} A=-15/23 \\ B=19/23 \end{cases}.$$

La funzione integranda può dunque essere scomposta come
$$\frac{x-8}{(2x-1)(x+11)} = -\frac{15}{23}\cdot\frac{1}{2x-1} + \frac{19}{23}\cdot\frac{1}{x+11}.$$

5.1 Esercizio 1

Grazie alla linearità dell'integrale possiamo scrivere

$$\int \frac{x-8}{2x^2+21x-11} dx = -\frac{15}{46} \int \frac{2}{2x-1} dx + \frac{19}{23} \int \frac{1}{x+11} dx,$$

calcoliamo i due integrali a secondo membro

$$\int \frac{2}{2x-1} dx = \log|2x-1| + c_1$$

e

$$\int \frac{1}{x+11} dx = \log|x+11| + c_2,$$

con $c_1, c_2 \in \mathbb{R}$ costanti.

L'integrale richiesto diventa infine

$$\int \frac{x-8}{2x^2+21x-11} dx = -\frac{15}{46} \log|2x-1| + \frac{19}{23} \log|x+11| + c,$$

con $c \in \mathbb{R}$.

5.2 Esercizio 2

Testo

Si calcoli il seguente integrale

$$\int \frac{\log x}{\sqrt{x}} dx$$

Svolgimento

Integriamo per parti, infatti l'integranda può essere scritta come prodotto di funzioni

$$\frac{\log x}{\sqrt{x}} = \log x \cdot \frac{1}{\sqrt{x}}$$

e possiamo applicare la regola di integrazione per parti

$$\int \underbrace{\log x}_{g(x)} \cdot \underbrace{\frac{1}{\sqrt{x}}}_{f'(x)} dx = f(x)g(x) - \int f(x)g'(x)\,dx.$$

La derivata di $\log x$ è

$$(\log x)' = \frac{1}{x},$$

mentre l'integrale di $1/\sqrt{x}$ è

$$\int \frac{1}{\sqrt{x}} dx = \int x^{-1/2} dx = \frac{x^{-1/2+1}}{-1/2+1} + c_1 = 2\sqrt{x} + c_1,$$

5.2 Esercizio 2

con $c_1 \in \mathbb{R}$. Possiamo scegliere una primitiva, porre quindi $c_1 = 0$, e integrare per parti

$$\int \frac{\log x}{\sqrt{x}} dx = 2\sqrt{x} \cdot \log x - \int \frac{2\sqrt{x}}{x} dx$$
$$= 2\sqrt{x} \log x - 2 \int \frac{1}{\sqrt{x}} dx$$
$$= 2\sqrt{x} \log x - 4\sqrt{x} + c = 2\sqrt{x}(\log x - 2) + c,$$

con $c \in \mathbb{R}$.

5.3 Esercizio 3

Testo

Si calcoli il seguente integrale

$$\int \frac{1-\sqrt{x}}{\sqrt{x}(x+1)} dx$$

Svolgimento

Effettuiamo la sostituzione $t = \sqrt{x}$, da cui

$$x = t^2, \quad dx = 2t\, dt\,.$$

L'integrale diventa

$$\int \frac{1-\sqrt{x}}{\sqrt{x}(x+1)} = \int \frac{1-t}{t(t^2+1)} 2t\, dt$$
$$= 2\int \frac{1}{t^2+1} dt - 2\int \frac{t}{t^2+1} dt,$$

dove abbiamo usato la linearità dell'integrale per scrivere l'integrale di una somma di funzioni come somma dei rispettivi integrali. Il primo integrale a secondo membro è

$$\int \frac{1}{t^2+1} dt = \arctan t + c_1,$$

5.3 Esercizio 3

con $c_1 \in \mathbb{R}$, mentre il secondo può essere portato nella forma di una frazione in cui il numeratore è la derivata del denominatore, in questo modo

$$\int \frac{t}{t^2+1} dt = \frac{1}{2} \int \frac{2t}{t^2+1} dt = \frac{1}{2} \log|t^2+1| + c_2,$$

con $c_2 \in \mathbb{R}$. Mettendo insieme i risultati si ottiene

$$\int \frac{1-\sqrt{x}}{\sqrt{x}(x+1)} dx = 2\arctan t - \log|t^2+1| + c,$$

con $c \in \mathbb{R}$. Per tornare alla variabile x effettuiamo la sostituzione $t = \sqrt{x}$, da cui

$$\int \frac{1}{\sqrt{x}(x+1)} dx = 2\arctan\sqrt{x} - \log|x+1| + c.$$

5.4 Esercizio 4

Testo

Si calcoli il seguente integrale

$$\int \sin(\log x^2)\, dx$$

Svolgimento

Effettuiamo la sostituzione $x = e^{t/2}$, da cui

$$dx = \frac{1}{2} e^{t/2} dt, \quad t = 2\log x.$$

L'integrale diventa

$$\begin{aligned} \int \sin(\log x^2)\, dx &= \int \sin(\log e^t) \frac{1}{2} e^{t/2} dt \\ &= \frac{1}{2} \int \sin t\, e^{t/2}\, dt. \end{aligned}$$

Consideriamo l'integrale a ultimo membro e integriamo per parti, cioè

$$\int \underbrace{\sin t}_{g(t)} \cdot \underbrace{e^{t/2}}_{f'(t)}\, dt = f(t)g(t) - \int f(t)g'(t)\, dt.$$

5.4 Esercizio 4

La derivata di $\sin t$ è

$$(\sin t)' = \cos t,$$

mentre l'integrale di $e^{t/2}$ è

$$\int e^{t/2} dx = 2\int \frac{1}{2} e^{t/2} dx = 2e^{t/2} + c_1,$$

con $c_1 \in \mathbb{R}$. Possiamo scegliere una primitiva, porre quindi $c_1 = 0$, e integrare per parti

$$\int \sin t\, e^{t/2} dt = 2e^{t/2} \sin t - 2\int e^{t/2} \cos t\, dt.$$

Integriamo nuovamente per parti l'ultimo integrale a secondo membro, ovvero

$$\int \underbrace{\cos t}_{g(t)} \cdot \underbrace{e^{t/2}}_{f'(t)} dt = f(t)g(t) - \int f(t)g'(t)\, dt.$$

La derivata di $\cos t$ è

$$(\cos t)' = -\sin t,$$

mentre come primitiva di $e^{t/2}$ possiamo scegliere, analogamente a prima, la funzione $2e^{t/2}$ e integriamo per parti

$$\int e^{t/2}\cos t\,dt = 2e^{t/2}\cos t + 2\int e^{t/2}\sin t\,dt.$$

L'integrale precedente, stando attenti alle varie costanti moltiplicative dei vari passaggi, diventa

$$\int \sin t\, e^{t/2}\,dt = 2e^{t/2}\sin t$$
$$- 2\left(2e^{t/2}\cos t + 2\int e^{t/2}\sin t\,dt\right)$$
$$= 2e^{t/2}\sin t - 4e^{t/2}\cos t - 4\int \sin t\, e^{t/2}\,dt,$$

da cui, portando a primo membro l'ultimo integrale,

$$5\int \sin t\, e^{t/2}\,dt = 2e^{t/2}\sin t - 4e^{t/2}\cos t + c,$$

$$\int \sin t\, e^{t/2}\,dt = \frac{2e^{t/2}}{5}(\sin t - 2\cos t) + c.$$

con $c \in \mathbb{R}$ (osserviamo che si può anche non dividere per 5 la costante, assumendo quest'ultima tutti i valori reali). Torniamo all'integrale della funzione iniziale,

5.4 Esercizio 4

riprendendo il calcolo

$$\int \sin(\log x^2)\,dx = \frac{1}{2}\int \sin t \, e^{t/2}\,dt$$
$$= \frac{e^{t/2}}{5}(\sin t - 2\cos t) + c.$$

Per tornare alla variabile x effettuiamo la sostituzione $t = 2\log x$, da cui

$$\int \sin(\log x^2)\,dx = \frac{e^{\log x}}{5}\Big(\sin(2\log x) - 2\cos(2\log x)\Big)$$
$$+ c,$$

ovvero

$$\int \sin(\log x^2)\,dx = \frac{x}{5}\Big(\sin(\log x^2) - 2\cos(\log x^2)\Big) + c.$$

5.5 Esercizio 5

Testo

Si calcoli il seguente integrale

$$\int_{\pi/3}^{\pi/2} \frac{1}{\sin x} dx$$

Svolgimento

Poniamo $t = \tan(x/2)$ e procediamo per sostituzione. Si hanno

$$x = 2\arctan t, \quad dx = \frac{2}{1+t^2} dt,$$

i nuovi estremi di integrazione sono

$$x = \frac{\pi}{3} \to t = \tan\left(\frac{\pi}{6}\right) = \frac{\sqrt{3}}{3},$$

$$x = \frac{\pi}{2} \to t = \tan\left(\frac{\pi}{4}\right) = 1,$$

inoltre, dalle formule di bisezione sappiamo che

$$\sin x = \frac{2\tan(x/2)}{1+\tan^2(x/2)} = \frac{2t}{1+t^2}.$$

5.5 Esercizio 5

L'integrale iniziale diventa

$$\begin{aligned}
\int_{\pi/3}^{\pi/2} \frac{1}{\sin x} dx &= \int_{\sqrt{3}/3}^{1} \frac{1+t^2}{2t} \frac{2}{1+t^2} dt \\
&= \int_{\sqrt{3}/3}^{1} \frac{1}{t} dt = \Big[\log |t| \Big]_{\sqrt{3}/3}^{1} \\
&= \log(1) - \log(\sqrt{3}/3) \\
&= \log\left(\frac{3}{\sqrt{3}}\right) = \log(\sqrt{3}) = \frac{\log 3}{2}.
\end{aligned}$$

5.6 Esercizio 6

Testo

Si calcoli il seguente integrale

$$\int \frac{\cos x}{3+\sin^2 x} dx$$

Svolgimento

Questo integrale può essere ricondotto al seguente integrale di funzione composta

$$\int \frac{f'(x)}{1+f^2(x)} dx = \arctan f(x) + c,$$

con $c \in \mathbb{R}$. Per portarlo in questa forma scriviamo

$$\begin{aligned}
\int \frac{\cos x}{3+\sin^2 x} dx &= \int \frac{\cos x}{3(1+\sin^2 x/3)} dx \\
&= \frac{1}{3} \int \frac{\cos x}{1+(\sin x/\sqrt{3})^2} dx \\
&= \frac{\sqrt{3}}{3} \int \frac{\cos x/\sqrt{3}}{1+(\sin x/\sqrt{3})^2} dx.
\end{aligned}$$

In questo modo la quantità a numeratore, $\cos x/\sqrt{3}$, è proprio la derivata della quantità elevata al quadrato a

5.6 Esercizio 6

denominatore, cioè $\sin x/\sqrt{3}$.

Svolgendo l'integrale otteniamo

$$\int \frac{\cos x}{3+\sin^2 x}\,dx = \frac{\sqrt{3}}{3}\arctan\left(\frac{\sin x}{\sqrt{3}}\right)+c,$$

con $c \in \mathbb{R}$.

5.7 Esercizio 7

Testo

Si calcoli il seguente integrale

$$\int \frac{x^3 - 6x^2 + 11x - 6}{(x^2 - 9)(x^2 + 1)} dx$$

Svolgimento

Si tratta dell'integrale di una funzione razionale, rapporto di polinomi. Scomponiamo il numeratore, $x^3 - 6x^2 + 11x - 6$, cercando una sua radice intera tra i divisori del suo termine noto, cioè 6. Iniziamo con 1, sostituendo si ottiene $(1)^3 - 6(1)^2 + 11(1) - 6 = 1 - 6 + 11 - 6 = 0$. Il polinomio è quindi divisibile per $x - 1$, eseguiamo la divisione ottenendo $x^2 - 5x + 6$. Il numeratore della funzione integranda si scrive

$$x^3 - 6x^2 + 11x - 6 = (x - 1)(x^2 - 5x + 6).$$

Il polinomio di secondo grado a secondo membro può essere scomposto trovandone le sue radici. Risolviamo

5.7 Esercizio 7

$x^2 - 5x + 6 = 0$, $\Delta = 25 - 24 = 1$, da cui $x_{1,2} = (5 \pm 1)/2$, $x_1 = 2$ e $x_2 = 3$. La scomposizione finale è

$$x^3 - 6x^2 + 11x - 6 = (x-1)(x-2)(x-3).$$

L'integrale da calcolare si scrive

$$\int \frac{x^3 - 6x^2 + 11x - 6}{(x^2 - 9)(x^2 + 1)} dx = \int \frac{(x-1)(x-2)(x-3)}{(x+3)(x-3)(x^2+1)} dx$$
$$= \int \frac{(x-1)(x-2)}{(x+3)(x^2+1)} dx,$$

dove abbiamo scomposto anche la differenza di quadrati a denominatore $x^2 - 9 = (x+3)(x-3)$. Scomponiamo la funzione integranda in questo modo

$$\frac{(x-1)(x-2)}{(x+3)(x^2+1)} = \frac{A}{x+3} + \frac{Bx+C}{x^2+1}$$
$$= \frac{A(x^2+1) + (Bx+C)(x+3)}{(x+3)(x^2+1)},$$

da cui

$$\frac{(x-1)(x-2)}{\cancel{(x+3)(x^2+1)}} = \frac{A(x^2+1) + (Bx+C)(x+3)}{\cancel{(x+3)(x^2+1)}},$$

$$x^2 - 3x + 2 = Ax^2 + A + Bx^2 + 3Bx + Cx + 3C,$$

$$x^2 - 3x + 2 = (A+B)x^2 + (3B+C)x + A + 3C.$$

Affinché rappresenti un'identità occorre uguagliare i coefficienti delle potenze di x di ambo i membri, scrivendo

$$\begin{cases} A+B=1 \\ 3B+C=-3 \\ A+3C=2 \end{cases}, \quad \begin{cases} B=1-A \\ 3(1-A)+C=-3 \\ A+3C=2 \end{cases},$$

$$\begin{cases} B=1-A \\ C=-6+3A \\ A+3C=2 \end{cases}, \quad \begin{cases} B=1-A \\ C=-6+3A \\ A+3(3A-6)=2 \end{cases},$$

$$\begin{cases} B=1-A \\ C=-6+3A \\ 10A=20 \end{cases}, \quad \begin{cases} B=-1 \\ C=0 \\ A=2 \end{cases}.$$

La funzione integranda diventa

$$\frac{(x-1)(x-2)}{(x+3)(x^2+1)} = \frac{2}{x+3} - \frac{x}{x^2+1},$$

5.7 Esercizio 7

da cui l'integrale

$$\int \frac{x^3 - 6x^2 + 11x - 6}{(x^2 - 9)(x^2 + 1)} dx = 2 \int \frac{1}{x+3} dx - \int \frac{x}{x^2+1} dx.$$

Il primo integrale a secondo membro è

$$\int \frac{1}{x+3} dx = \log|x+3| + c_1,$$

con $c_1 \in \mathbb{R}$, mentre il secondo può essere portato nella forma di una frazione in cui il numeratore è la derivata del denominatore, in questo modo

$$\int \frac{x}{x^2+1} dx = \frac{1}{2} \int \frac{2x}{x^2+1} dx = \frac{1}{2} \log|x^2+1| + c_2,$$

con $c_2 \in \mathbb{R}$. Mettendo insieme quanto trovato si ottiene

$$\int \frac{x^3 - 6x^2 + 11x - 6}{(x^2 - 9)(x^2 + 1)} dx = 2\log|x+3| - \frac{\log|x^2+1|}{2} + c,$$

con $c \in \mathbb{R}$.

5.8 Esercizio 8

Testo

Si calcoli il seguente integrale

$$\int \frac{e^{2x}}{9+e^{4x}} dx$$

Svolgimento

Possiamo effettuare la sostituzione $t = e^{2x}$, da cui

$$x = \frac{1}{2}\log t, \quad dx = \frac{1}{2t} dt.$$

L'integrale diventa

$$\int \frac{e^{2x}}{9+e^{4x}} dx = \int \frac{t}{9+t^2} \frac{1}{2t} dt = \frac{1}{2} \int \frac{1}{9+t^2} dt.$$

L'ultimo integrale è riconducibile alla funzione arcotangente. Scriviamo

$$\int \frac{e^{2x}}{9+e^{4x}} dx = \frac{1}{2} \int \frac{1}{9(1+t^2/9)} dt = \frac{1}{18} \int \frac{1}{1+(t/3)^2} dt$$
$$= \frac{3}{18} \int \frac{1/3}{1+(t/3)^2} = \frac{1}{6} \arctan\left(\frac{t}{3}\right) + c_1,$$

5.8 Esercizio 8

con $c_1 \in \mathbb{R}$. Per tornare alla variabile x effettuiamo la sostituzione $t = e^{2x}$, da cui

$$\int \frac{e^{2x}}{9+e^{4x}} dx = \frac{1}{6} \arctan\left(\frac{e^{2x}}{3}\right) + c,$$

con $c \in \mathbb{R}$.

5.9 Esercizio 9

Testo

Si calcoli il seguente integrale

$$\int_0^x f(t)\,dt, \quad x \in [0,2],$$

dove $f(x)$ è definita da

$$f(x) = \begin{cases} \frac{x+3}{x^2-2x-3} & \text{se } 0 \leq x \leq 1 \\ e-1-e^x & \text{se } 1 < x \leq 2 \end{cases}$$

Svolgimento

Calcoliamo la funzione integrale

$$\int_0^x f(t)\,dt$$

$$= \begin{cases} \int_0^x \frac{t+3}{t^2-2t-3}\,dt & \text{se } 0 \leq x \leq 1 \\ \int_0^1 \frac{t+3}{t^2-2t-3}\,dt + \int_1^x (e-1-e^t)\,dt & \text{se } 1 < x \leq 2 \end{cases}.$$

Calcoliamo l'integrale indefinito

$$\int \frac{t+3}{t^2-2t-3}\,dt,$$

5.9 Esercizio 9

integrale di una funzione razionale (rapporto tra due polinomi). Il numeratore è un polinomio di primo grado, scomponiamo il polinomio a denominatore, le soluzioni dell'equazione $t^2 - 2t - 3 = 0$, $\Delta = (-2)^2 - 4(-3) = 4 + 12 = 16 = 4^2$, sono $t_{1,2} = (2 \pm 4)/2$, cioè $t_1 = 3$, $t_2 = -1$. Il denominatore dell'integranda si può quindi scrivere come

$$t^2 - 2t - 3 = (t-3)(t+1)$$

e l'integrale da calcolare diventa

$$\int \frac{t+3}{t^2 - 2t - 3} dt = \int \frac{t+3}{(t-3)(t+1)} dt.$$

La funzione integranda presenta due zeri semplici al denominatore, pertanto la scomponiamo in questo modo

$$\frac{t+3}{t^2 - 2t - 3} = \frac{A}{t-3} + \frac{B}{t+1},$$

dove A e B sono due costanti che vanno determinate imponendo che la precedente equazione sia un'identità (valida cioè $\forall t$). Per farlo scriviamo

$$\frac{A}{t-3} + \frac{B}{t+1} = \frac{A(t+1) + B(t-3)}{(t-3)(t+1)}$$
$$= \frac{At + A + Bt - 3B}{(t-3)(t+1)}$$
$$= \frac{(A+B)t + A - 3B}{(t-3)(t+1)}.$$

Affinché l'espressione precedente sia un'identità dobbiamo uguagliare i coefficienti delle potenze di t di ambo i membri (una volta semplificati i denominatori). Dall'espressione

$$\frac{t+3}{\cancel{(t-3)(t+1)}} = \frac{(A+B)t + A - 3B}{\cancel{(t-3)(t+1)}},$$

poniamo

$$\begin{cases} A + B = 1 \\ A - 3B = 3 \end{cases}, \quad \begin{cases} A = 1 - B \\ 1 - B - 3B = 3 \end{cases},$$

$$\begin{cases} A = 1 - B \\ -4B = 2 \end{cases}, \quad \begin{cases} A = 1 - B \\ B = -1/2 \end{cases}, \quad \begin{cases} A = 3/2 \\ B = -1/2 \end{cases}.$$

5.9 Esercizio 9

La funzione integranda può dunque essere scomposta come

$$\frac{t+3}{(t-3)(t+1)} = -\frac{1}{2}\frac{1}{t-3} + \frac{3}{2}\frac{1}{t+1}.$$

Dalla linearità dell'integrale possiamo scrivere

$$\int \frac{t+3}{t^2-2t-3}dt = -\frac{1}{2}\int \frac{1}{t-3}dt + \frac{3}{2}\int \frac{1}{t+1}dt.$$

I due integrali a secondo membro sono

$$\int \frac{1}{t-3}dt = \log|t-3| + c_1,$$

$$\int \frac{1}{t+1}dt = \log|t+1| + c_2,$$

con $c_1, c_2 \in \mathbb{R}$, e l'integrale precedente diventa

$$\int \frac{t+3}{t^2-2t-3}dt = -\frac{1}{2}\log|t-3| + \frac{3}{2}\log|t+1| + c_3,$$

con $c_3 \in \mathbb{R}$, da cui

$$\begin{aligned}\int_0^x \frac{t+3}{t^2-2t-3}dt &= -\frac{1}{2}\Big[\log|t-3|\Big]_0^x + \frac{3}{2}\Big[\log|t+1|\Big]_0^x \\ &= -\frac{1}{2}\log|x-3| \\ &\quad + \frac{1}{2}\log 3 + \frac{3}{2}(\log|x+1| - \log 1)\end{aligned}$$

e

$$\int_0^x \frac{t+3}{t^2-2t-3}\,dt = -\frac{1}{2}\log\left(\frac{|x-3|}{3}\right)$$
$$+ \frac{3}{2}\log|x+1|.$$

L'integrale definito diventa

$$\int_0^1 \frac{t+3}{t^2-2t-3}\,dt = \left[-\frac{1}{2}\log|t-3| + \frac{3}{2}\log|t+1|\right]_0^1$$
$$= -\frac{1}{2}\log 2 + \frac{3}{2}\log 2 + \frac{1}{2}\log 3 - \frac{3}{2}\log 1$$
$$= \log 2 + \log\sqrt{3}.$$

L'integrale della funzione iniziale si scrive intanto

$$\int_0^x f(t)\,dt$$
$$= \begin{cases} -\frac{1}{2}\log(|x-3|/3) + \frac{3}{2}\log|x+1| & \text{se } 0 \leq x \leq 1 \\ \log 2 + \log\sqrt{3} + \int_1^x (e-1-e^t)\,dt & \text{se } 1 < x \leq 2 \end{cases}.$$

Calcoliamo l'integrale indefinito

$$\int (e-1-e^t)\,dt = (e-1)t - \int e^t\,dt = (e-1)t - e^t + c,$$

5.9 Esercizio 9

con $c \in \mathbb{R}$. Si ha

$$\int_1^x (e-1-e^t)\,dt = \Big[(e-1)t - e^t\Big]_1^x = (e-1)x - e^x - 1$$

e quindi

$$\int_0^x f(t)\,dt = \begin{cases} -\frac{1}{2}\log(|x-3|/3) + \frac{3}{2}\log|x+1| & \text{se } 0 \le x \le 1 \\ \log 2 + \log\sqrt{3} + (e-1)x - e^x - 1 & \text{se } 1 < x \le 2 \end{cases}.$$

Calcoliamo infine i limiti

$$\lim_{x \to 1^-} f(x) = \lim_{x \to 1^-} \left(\frac{x+3}{x^2-2x-3}\right) = \frac{4}{1-2-3} = -1,$$

$$\lim_{x \to 1^+} f(x) = \lim_{x \to 1^+} (e-1-e^x) = e-1-e = -1,$$

inoltre si ha $f(1) = -1$, dunque la funzione $f(x)$ è continua e la funzione

$$\int_0^x f(t)\,dt,$$

calcolata sopra ne rappresenta una primitiva per il teorema di Torricelli-Barrow.

5.10 Esercizio 10

Testo

Si calcoli il seguente integrale

$$\int \frac{5x}{\sqrt{2x+1}} dx$$

Svolgimento

Tramite la sostituzione

$$y = \sqrt{2x+1},$$

si hanno

$$x = \frac{y^2 - 1}{2}, \qquad dy = \frac{1}{\sqrt{2x+1}} dx,$$

e il differenziale si può scrivere

$$dx = \sqrt{2x+1}\, dy = y\, dy.$$

L'integrale da calcolare diventa

$$\int \frac{5x}{\sqrt{2x+1}} dx = \int \frac{5}{y} \frac{y^2 - 1}{2} y\, dy = \frac{5}{2} \int (y^2 - 1)\, dy.$$

5.10 Esercizio 10

Si tratta di un integrale elementare, infatti

$$\frac{5}{2}\int (y^2-1)\,dy = \frac{5}{2}\left(\frac{y^3}{3}-y\right) = \frac{5}{6}y(y^2-3)+c,$$

con $c \in \mathbb{R}$. Sostituendo $y=\sqrt{2x+1}$ si ottiene

$$\int \frac{5x}{\sqrt{2x+1}}\,dx = \frac{5}{6}\sqrt{2x+1}(2x+1-3)+c$$
$$= \frac{5}{3}\sqrt{2x+1}(x-1)+c.$$

5.11 Esercizio 11

Testo

Si calcoli il seguente integrale

$$\int \log\left(1+\sqrt{x}\right) dx$$

Svolgimento

L'integranda è una funzione composta, effettuiamo la sostituzione

$$y = 1 + \sqrt{x},$$

da cui

$$\sqrt{x} = y - 1$$

e

$$\frac{1}{2\sqrt{x}} dx = dy, \qquad dx = 2\sqrt{x}\, dy = 2(y-1)\, dy.$$

L'integrale da calcolare diventa

$$2\int (y-1)\log(y)\, dy,$$

5.11 Esercizio 11

che possiamo integrare per parti, integrando $(y-1)$ e derivando $\log y$, nel modo seguente

$$2\int (y-1)\log(y)\,dy = 2\left(\frac{y^2}{2}-y\right)\log(y)$$
$$- 2\int \left(\frac{y^2}{2}-y\right)\frac{1}{y}\,dy.$$

Calcoliamo l'ultimo integrale

$$\int \left(\frac{y^2}{2}-y\right)\frac{1}{y}\,dy = \int \left(\frac{y}{2}-1\right)dy$$
$$= \frac{y^2}{4}-y+c_1,$$

con $c_1 \in \mathbb{R}$, da cui

$$2\int (y-1)\log(y)\,dy = 2\left(\frac{y^2}{2}-y\right)\log(y)$$
$$-\frac{y^2}{2}+2y-2c_1.$$

Per ottenere la soluzione dell'esercizio occorre scrivere il risultato in funzione di x, sapendo che

$$y = 1+\sqrt{x},$$

quindi

$$\int \log\left(1+\sqrt{x}\right) dx = 2\left(\frac{(1+\sqrt{x})^2}{2} - 1 - \sqrt{x}\right)$$
$$\cdot \log\left(1+\sqrt{x}\right) - \frac{(1+\sqrt{x})^2}{2}$$
$$+ 2(1+\sqrt{x}) - 2c_1.$$

Semplifichiamo

$$\int \log\left(1+\sqrt{x}\right) dx = 2\left(\frac{1+x+2\sqrt{x}-2-2\sqrt{x}}{2}\right)$$
$$\cdot \log\left(1+\sqrt{x}\right)$$
$$- \frac{1+x+2\sqrt{x}-4-4\sqrt{x}}{2} - 2c_1$$
$$= (x-1)\log\left(1+\sqrt{x}\right)$$
$$- \frac{x-2\sqrt{x}}{2} + \frac{3}{2} - 2c_1.$$

Infine possiamo scrivere

$$\int \log\left(1+\sqrt{x}\right) dx = (x-1)\log\left(1+\sqrt{x}\right) + \sqrt{x} - \frac{x}{2} + c,$$

con

$$c = \frac{3}{2} - 2c_1.$$

5.12 Esercizio 12

Testo

Si calcoli il seguente integrale

$$\int x^5 \cos(3x^3)\, dx$$

Svolgimento

Integriamo per parti, l'integranda può essere scritta come prodotto di funzioni

$$x^5 \cos(3x^3) = 9x^2 \cos(3x^3) \cdot \frac{x^3}{9},$$

da cui, applicando la regola di integrazione per parti,

$$\int \underbrace{\frac{x^3}{9}}_{g(x)} \cdot \underbrace{9x^2 \cos(3x^3)}_{f'(x)}\, dx = f(x)g(x) - \int f(x)g'(x)\, dx.$$

Calcoliamo la derivata di $x^3/9$

$$\left(\frac{x^3}{9}\right)' = \frac{x^2}{3},$$

inoltre

$$\int 9x^2 \cos(3x^3)\, dx = \sin(3x^3) + c_1$$

con $c_1 \in \mathbb{R}$, infatti si tratta di un integrale del tipo

$$\int h'(x) \cos\big(h(x)\big)\, dx = \sin\big(h(x)\big) + c_2,$$

con $c_2 \in \mathbb{R}$ e $h(x)$ funzione generica, dove in questo caso $h(x) = 3x^3$.

L'integrale da calcolare diventa

$$\int x^5 \cos(3x^3)\, dx = \frac{x^3 \sin(3x^3)}{9} - \frac{1}{3} \int x^2 \sin(3x^3).$$

L'integrale

$$\int x^2 \sin(3x^3),$$

si può calcolare come fatto precedentemente, ottenendo

$$\int x^2 \sin(3x^3) = -\frac{\cos(3x^3)}{9} + c_3,$$

con $c_3 \in \mathbb{R}$.

La soluzione dell'esercizio si può scrivere quindi come

$$\int x^5 \cos(3x^3)\, dx = \frac{x^3 \sin(3x^3)}{9} + \frac{\cos(3x^3)}{27} + c,$$

con $c \in \mathbb{R}$.

5.13 Esercizio 13

Testo

Si calcoli il seguente integrale

$$\int \sqrt{9-x^2}\,dx$$

Svolgimento

Possiamo scrivere

$$\int \sqrt{9-x^2}\,dx = 3\int \sqrt{1-\left(\frac{x}{3}\right)^2}\,dx$$

ed effettuare la sostituzione

$$\frac{x}{3} = \sin y, \qquad \frac{dx}{3} = \cos y\,dy,$$

da cui

$$\int \sqrt{9-x^2}\,dx = 9\int \sqrt{1-\sin^2 y}\,\cos y\,dy$$
$$= 9\int \cos^2 y\,dy.$$

L'integrale di $\cos^2 y$ si può scrivere ricordando l'Eq. (2.1), cioè

$$\int \cos^2 y\,dy = \frac{y+\cos y \sin y}{2} + c_1,$$

con $c_1 \in \mathbb{R}$.

Si ha dunque

$$9\int \cos^2 y\, dy = \frac{9}{2}y + \frac{9}{2}\cos y \sin y + 9c_1,$$

da cui, ricordando che

$$x = 3\sin y, \qquad y = \arcsin\left(\frac{x}{3}\right)$$

e

$$\cos^2 y = 1 - \sin^2 y = 1 - \frac{x^2}{9} = \frac{9 - x^2}{9},$$

si ottiene

$$\int \sqrt{9-x^2}\, dx = \frac{9}{2}\arcsin\left(\frac{x}{3}\right) + \frac{1}{2}x\sqrt{9-x^2} + c,$$

con $c = 9c_1$.

5.14 Esercizio 14

Testo

Si calcoli il seguente integrale

$$\int \frac{\log x^2}{x} dx$$

Svolgimento

Intanto applichiamo la proprietà dei logaritmi per scrivere

$$\int \frac{\log x^2}{x} dx = 2 \int \frac{\log x}{x} dx.$$

Osserviamo che l'integranda può essere scritta come

$$\frac{\log x}{x} = \log x \cdot \frac{1}{x}$$

e possiamo integrare per parti nel modo seguente

$$2 \int \frac{\log x}{x} dx = 2(\log^2 x) - 2 \int \frac{\log x}{x} dx,$$

infatti una primitiva di $1/x$ è proprio $\log x$.

Osserviamo che l'ultimo integrale a secondo membro

coincide con quello a primo membro, possiamo dunque scrivere, portando a primo membro

$$4\int \frac{\log x}{x}dx = 2(\log^2 x) + c_1,$$

con $c_1 \in \mathbb{R}$, da cui banalmente

$$2\int \frac{\log x}{x}dx = \log^2 x + c,$$

con $c = c_1/2$.

L'integrale cercato è quindi

$$\int \frac{\log x^2}{x}dx = \log^2 x + c,$$

con $c \in \mathbb{R}$.

5.15 Esercizio 15

Testo

Si calcoli il seguente integrale

$$\int e^{-x} \sin^2 x \, dx$$

Svolgimento

Usiamo la formula di Eulero per il seno

$$\sin x = \frac{e^{ix} - e^{-ix}}{2i},$$

dove i è l'unità immaginaria, con la proprietà $i^2 = -1$.

L'integrale diventa

$$\int e^{-x} \sin^2 x \, dx = \int e^{-x} \left(\frac{e^{ix} - e^{-ix}}{2i} \right)^2 dx$$

$$= \int \left(\frac{e^{2ix} + e^{-2ix} - 2e^{ix}e^{-ix}}{-4e^x} \right) dx$$

$$= -\frac{1}{4} \int \left(e^{(2i-1)x} + e^{(-2i-1)x} - 2e^{-x} \right) dx$$

e, svolgendo i calcoli,

$$\int e^{-x} \sin^2 x \, dx = -\frac{1}{4} \left(\frac{e^{(2i-1)x}}{2i-1} + \frac{e^{(-2i-1)x}}{-2i-1} + 2e^{-x} \right) + c_1,$$

con $c_1 \in \mathbb{R}$.

Possiamo scrivere

$$\frac{e^{(2i-1)x}}{2i-1} = \frac{e^{(2i-1)x}}{2i-1}\left(\frac{-2i-1}{-2i-1}\right) = \frac{-2ie^{2ix} - e^{2ix}}{5}e^{-x},$$

infatti

$$(2i-1)(-2i-1) = -4i^2 + 1 + 2i - 2i = 4 + 1 = 5,$$

essendo il modulo quadro del numero complesso $(2i-1)$,

$$(2i-1)(-2i-1) = |2i-1|^2 = 2^2 + (-1)^2 = 5,$$

e analogamente

$$\frac{e^{(-2i-1)x}}{-2i-1} = \frac{e^{(-2i-1)x}}{-2i-1}\left(\frac{2i-1}{2i-1}\right) = \frac{2ie^{-2ix} - e^{-2ix}}{5}e^{-x}.$$

Si ha

$$\int e^{-x}\sin^2 x\,dx = -\frac{1}{4}e^{-x}\left(\frac{-2ie^{2ix} - e^{2ix}}{5}\right.$$
$$\left. + \frac{2ie^{-2ix} - e^{-2ix}}{5} + 2\right) + c_1,$$

5.15 Esercizio 15

da cui

$$\int e^{-x}\sin^2 x\,dx = -\frac{1}{4}e^{-x}\left(\frac{-2i(e^{2ix}-e^{-2ix})}{5}\right.$$
$$\left. -\frac{e^{2ix}+e^{-2ix}}{5}+2\right)+c_1 = \frac{e^{-x}}{4}$$
$$\cdot\left(\frac{2i(2i\sin(2x))}{5}+\frac{2\cos(2x)}{5}-2\right)+c_1,$$

dove abbiamo usato le seguenti relazioni che si ricavano dalle formule di Eulero per il seno e il coseno

$$e^{ix}-e^{-ix}=2i\sin x, \qquad e^{ix}+e^{-ix}=2\cos x.$$

Semplificando ulteriormente

$$\int e^{-x}\sin^2 x\,dx = \frac{e^{-x}}{10}(-2\sin(2x)+\cos(2x)-5)+c,$$

con $c \in \mathbb{R}$.

5.16 Esercizio 16

Testo

Si calcoli il seguente integrale

$$\int \frac{3x+1}{x^2+2x+3}\,dx$$

Svolgimento

L'integranda è una funzione razionale, rappresentata dal rapporto di due polinomi. Calcoliamo il discriminante del polinomio a denominatore,

$$\Delta = 2^2 - 4(1)(3) = 4 - 12 = -8 < 0,$$

si tratta di una quantità negativa.

La derivata del polinomio a denominatore è

$$(x^2+2x+3)' = 2x+2,$$

cerchiamo di scrivere il numeratore dell'integranda come somma della derivata del denominatore e una costante,

5.16 Esercizio 16

nel modo seguente

$$\begin{aligned}\int \frac{3x+1}{x^2+2x+3}dx &= \frac{3}{2}\int \frac{(2/3)\cdot(3x+1)}{x^2+2x+3}dx \\ &= \frac{3}{2}\int \frac{2x+2/3}{x^2+2x+3}dx \\ &= \frac{3}{2}\int \frac{2x+2/3+2-2}{x^2+2x+3}dx \\ &= \frac{3}{2}\int \frac{2x+2-4/3}{x^2+2x+3}dx.\end{aligned}$$

Possiamo scrivere l'integrale da calcolare come somma di integrali

$$\begin{aligned}\int \frac{3x+1}{x^2+2x+3}dx &= \frac{3}{2}\int \frac{2x+2}{x^2+2x+3}dx \\ &\quad - 2\int \frac{1}{x^2+2x+3}dx = \frac{3}{2}I_1 - 2I_2,\end{aligned}$$

dove abbiamo posto

$$I_1 = \int \frac{2x+2}{x^2+2x+3}dx$$

e

$$I_2 = \int \frac{1}{x^2+2x+3}dx.$$

Consideriamo il primo integrale

$$I_1 = \int \frac{2x+2}{x^2+2x+3} dx = \log(x^2+2x+3) + c_1,$$

con $c_1 \in \mathbb{R}$.

Per calcolare il secondo integrale usiamo l'integrale notevole

$$\int \frac{f'(x)}{1+f^2(x)} dx = \arctan\left[f(x)\right] + c_2,$$

con $c_2 \in \mathbb{R}$. Per riportarlo nella forma voluta scriviamo

$$I_2 = \int \frac{1}{x^2+2x+3} dx = \int \frac{1}{x^2+2x+3+1-1} dx$$
$$= \int \frac{1}{2+(x+1)^2} dx = \frac{1}{2} \int \frac{1}{1+((x+1)/\sqrt{2})^2} dx$$
$$= \frac{1}{\sqrt{2}} \int \frac{1/\sqrt{2}}{1+((x+1)/\sqrt{2})^2} dx,$$

da cui

$$I_2 = \frac{1}{\sqrt{2}} \arctan\left(\frac{x+1}{\sqrt{2}}\right) + c_2.$$

5.16 Esercizio 16

Infine si ottiene

$$\int \frac{3x+1}{x^2+2x+3} dx = \frac{3}{2} I_1 - 2 I_2$$
$$= \frac{3}{2} \log(x^2+2x+3) + c_1$$
$$- 2\left(\frac{1}{\sqrt{2}} \arctan\left(\frac{x+1}{\sqrt{2}}\right) + c_2\right)$$
$$= \frac{3}{2} \log(x^2+2x+3)$$
$$- \sqrt{2} \arctan\left(\frac{x+1}{\sqrt{2}}\right) + c,$$

con $c = c_1 - 2c_2$.

5.17 Esercizio 17

Testo

Si calcoli il seguente integrale

$$\int_2^4 \frac{x-2}{x^2+3x-4}\,dx$$

Svolgimento

Il denominatore della funzione integranda si può scrivere come

$$x^2+3x-4 = (x+4)(x-1),$$

infatti

$$x_1 = 4, \quad x_2 = 1,$$

sono le soluzioni dell'equazione di secondo grado

$$x^2+3x-4 = 0.$$

Cerchiamo di scrivere la funzione integranda come somma di due funzioni del tipo

$$\frac{x-2}{x^2+3x-4} = \frac{x-2}{(x+4)(x-1)} = \frac{A}{x+4} + \frac{B}{x-1},$$

5.17 Esercizio 17

con A e B costanti da determinare. Si ha

$$\frac{x-2}{(x+4)(x-1)} = \frac{A(x-1)+B(x+4)}{(x+4)(x-1)}$$
$$= \frac{Ax-A+Bx+4B}{(x+4)(x-1)}$$
$$= \frac{(A+B)x+4B-A}{(x+4)(x-1)},$$

confrontando i numeratori, dobbiamo risolvere il sistema

$$\begin{cases} A+B=1 \\ 4B-A=-2 \end{cases}.$$

Sommando tra loro i membri delle due equazioni si ottiene

$$A+B+4B-A=1-2=-1,$$

da cui

$$B=-\frac{1}{5},$$

e, dalla prima equazione del sistema,

$$A-\frac{1}{5}=1, \quad A=\frac{6}{5}.$$

L'integrale iniziale si può scrivere come

$$\int_2^4 \frac{x-2}{x^2+3x-4}dx = \frac{6}{5}\int_2^4 \frac{1}{x+4}dx - \frac{1}{5}\int_2^4 \frac{1}{x-1}dx.$$

Si tratta di due integrali elementari, calcolando otteniamo

$$\begin{aligned}\int_2^4 \frac{x-2}{x^2+3x-4}dx &= \frac{6}{5}\Big[\log|x+4|\Big]_2^4 - \frac{1}{5}\Big[\log|x-1|\Big]_2^4 \\ &= \frac{6}{5}(\log|4+4|-\log|2+4|) \\ &\quad - \frac{1}{5}(\log|4-1|-\log|2-1|) \\ &= \frac{6}{5}\log(4/3) - \frac{1}{5}\log(3) \\ &= \frac{1}{5}\log\left(\frac{4^6}{3^7}\right).\end{aligned}$$

5.18 Esercizio 18

Testo

Si calcoli il seguente integrale

$$\int \sin^3 x\, dx$$

Svolgimento

Possiamo procedere integrando per parti, infatti l'integrale si può scrivere come

$$\int \sin^3 x\, dx = \int \sin^2 x \cdot \sin x\, dx.$$

Deriviamo $\sin^2 x$ e integriamo $\sin x$, ottenendo

$$\int \sin^3 x\, dx = \sin^2 x (-\cos x) - \int (2\sin x \cos x)(-\cos x)\, dx,$$

da cui

$$\int \sin^3 x\, dx = -\sin^2 x \cos x + 2\int \sin x \cos^2 x\, dx.$$

Usiamo la relazione fondamentale

$$\sin^2 x + \cos^2 x = 1, \quad \cos^2 x = 1 - \sin^2 x,$$

per scrivere

$$\int \sin^3 x\, dx = -\sin^2 x \cos x + 2\int \sin x (1-\sin^2 x)\, dx$$
$$= -\sin^2 x \cos x + 2\int \sin x\, dx - 2\int \sin^3 x\, dx$$
$$= -\sin^2 x \cos x - 2\cos x - 2\int \sin^3 x\, dx.$$

L'ultimo integrale a secondo membro è lo stesso integrale a primo membro, per cui possiamo spostare a primo membro e ottenere

$$3\int \sin^3 x\, dx = -\sin^2 x \cos x - 2\cos x + c_1,$$

con $c_1 \in \mathbb{R}$, da cui il risultato finale

$$\int \sin^3 x\, dx = -\frac{\sin^2 x \cos x + 2\cos x}{3} + c,$$

con $c = c_1/3$.

©2020 Dr. Alessio Mangoni — I ed. 9798678313904

5.19 Esercizio 19

Testo

Si calcoli il seguente integrale

$$\int \frac{x+3}{x^2+2} dx$$

Svolgimento

L'integranda è il rapporto di polinomi, dove il polinomio a denominatore non ha radici reali. Cerchiamo di riscrivere il numeratore come derivata del polinomio a denominatore, cioè

$$(x^2+2)' = 2x,$$

sommata a una costante

$$\int \frac{x+3}{x^2+2} dx = \frac{1}{2} \int \frac{2(x+3)}{x^2+2} dx = \frac{1}{2} \int \frac{2x+6}{x^2+2} dx,$$

da cui

$$\int \frac{x+3}{x^2+2} dx = \frac{1}{2} \int \frac{2x}{x^2+2} dx + 3 \int \frac{1}{x^2+2} dx.$$

Il primo integrale vale

$$\frac{1}{2}\int \frac{2x}{x^2+2} dx = \frac{1}{2}\log(x^2+2) + c_1,$$

con $c_1 \in \mathbb{R}$.

Per il secondo integrale ci riconduciamo alla forma generale

$$\int \frac{f'(x)}{1+f^2(x)} dx = \arctan\left[f(x)\right] + c_2,$$

con $c_2 \in \mathbb{R}$.

Possiamo scrivere

$$3\int \frac{1}{x^2+2} dx = \frac{3}{2}\int \frac{1}{1+(x/\sqrt{2})^2} dx$$
$$= \frac{3\sqrt{2}}{2}\int \frac{1/\sqrt{2}}{1+(x/\sqrt{2})^2} dx,$$

da cui

$$3\int \frac{1}{x^2+2} dx = \frac{3\sqrt{2}}{2}\arctan\left(\frac{x}{\sqrt{2}}\right) + \frac{3\sqrt{2}}{2}c_2.$$

Infine, mettendo insieme i due risultati, otteniamo

$$\int \frac{x+3}{x^2+2} dx = \frac{1}{2}\log(x^2+2) + \frac{3\sqrt{2}}{2}\arctan\left(\frac{x}{\sqrt{2}}\right) + c,$$

5.19 Esercizio 19

con
$$c = c_1 + \frac{3\sqrt{2}}{2} c_2.$$

5.20 Esercizio 20

Testo

Si calcoli il seguente integrale

$$\int_{-1}^{x} f(t)\,dt, \quad x \in [-1, 3],$$

dove $f(x)$ è definita da

$$f(x) = \begin{cases} \frac{1-x^2}{x^2+2} & \text{se } -1 \leq x \leq 1 \\ \log x & \text{se } 1 < x \leq 3 \end{cases}$$

Svolgimento

Calcoliamo innanzitutto la funzione integrale

$$\int_{-1}^{x} f(t)\,dt$$

$$= \begin{cases} \int_{-1}^{x} \frac{1-t^2}{t^2+2}\,dt & \text{se } -1 \leq x \leq 1 \\ \int_{-1}^{1} \frac{1-t^2}{t^2+2}\,dt + \int_{1}^{x} \log(t)\,dt & \text{se } 1 < x \leq 3 \end{cases}.$$

Consideriamo l'integrale

$$\int \frac{1-t^2}{t^2+2}\,dt,$$

5.20 Esercizio 20

possiamo scriverlo come

$$\int \frac{1-t^2}{t^2+2} dt = -\int \frac{t^2-1}{t^2+2} dt = -\int \frac{t^2-1+2-2}{t^2+2} dt$$
$$= -\int \frac{t^2+2}{t^2+2} dt + 3\int \frac{1}{t^2+2} dt$$
$$= -\int dt + \frac{3}{2}\int \frac{1}{1+(t/\sqrt{2})^2} dt$$
$$= -t + \frac{3\sqrt{2}}{2}\int \frac{1/\sqrt{2}}{1+(t/\sqrt{2})^2} dt,$$

da cui

$$\int \frac{1-t^2}{t^2+2} dt = \frac{3\sqrt{2}}{2} \arctan\left(\frac{t}{\sqrt{2}}\right) - t + c_1,$$

con $c_1 \in \mathbb{R}$.

Si ha quindi

$$\int_{-1}^{x} \frac{1-t^2}{t^2+2} dt = \left[\frac{3\sqrt{2}}{2} \arctan\left(\frac{t}{\sqrt{2}}\right) - t\right]_{-1}^{x}$$
$$= \frac{3\sqrt{2}}{2} \arctan\left(\frac{x}{\sqrt{2}}\right) - x$$
$$+ \frac{3\sqrt{2}}{2} \arctan\left(\frac{1}{\sqrt{2}}\right) - 1.$$

Possiamo calcolare anche l'integrale definito

$$\int_{-1}^{1} \frac{1-t^2}{t^2+2} dt = \frac{3\sqrt{2}}{2} \arctan\left(\frac{1}{\sqrt{2}}\right) - 1$$
$$+ \frac{3\sqrt{2}}{2} \arctan\left(\frac{1}{\sqrt{2}}\right) - 1$$
$$= 3\sqrt{2} \arctan\left(\frac{1}{\sqrt{2}}\right) - 2.$$

L'integrale della funzione iniziale diventa

$$\int_{-1}^{x} f(t) dt$$

$$= \begin{cases} \frac{3\sqrt{2}}{2} \arctan\left(\frac{x}{\sqrt{2}}\right) - x + \frac{3\sqrt{2}}{2} \arctan\left(\frac{1}{\sqrt{2}}\right) - 1 \\ \text{se } -1 \leq x \leq 1 \\ 3\sqrt{2} \arctan\left(\frac{1}{\sqrt{2}}\right) - 2 + \int_{1}^{x} \log(t) dt \\ \text{se } 1 < x \leq 3 \end{cases}.$$

Occorre calcolare l'integrale indefinito

$$\int \log(t) dt,$$

procediamo integrando per parti

$$\int \log(t) \cdot 1 \, dt = t \log(t) - \int \frac{1}{t} \cdot t \, dt = t \log(t) - t + c_2,$$

5.20 Esercizio 20

con $c_2 \in \mathbb{R}$. Calcoliamo ora

$$\int_1^x \log(t)\,dt = \Big[t\log(t) - t\Big]_1^x = x\log(x) - x + 1$$

e dunque

$$\int_{-1}^x f(t)\,dt = \begin{cases} \frac{3\sqrt{2}}{2}\arctan\left(\frac{x}{\sqrt{2}}\right) - x + \frac{3\sqrt{2}}{2}\arctan\left(\frac{1}{\sqrt{2}}\right) - 1 \\ \text{se } -1 \le x \le 1 \\ 3\sqrt{2}\arctan\left(\frac{1}{\sqrt{2}}\right) + x\log(x) - x - 1 \\ \text{se } 1 < x \le 3 \end{cases}.$$

Calcoliamo infine i seguenti limiti

$$\lim_{x \to 1^-} f(x) = \lim_{x \to 1^-} \left(\frac{1-x^2}{x^2+2}\right) = \frac{0}{3} = 0,$$

$$\lim_{x \to 1^+} f(x) = \lim_{x \to 1^+} (\log 1) = \log 1 = 0,$$

inoltre si ha $f(1) = 0$, quindi la funzione $f(x)$ è continua e la funzione

$$\int_{-1}^x f(t)\,dt,$$

ne rappresenta una primitiva per il teorema di Torricelli-Barrow.

5.21 Esercizio 21

Testo

Si calcoli il seguente integrale

$$\int \frac{x}{(x^2+4)(x-3)}\,dx$$

Svolgimento

Osserviamo che il denominatore della funzione integranda non è ulteriormente scomponibile (in $\mathbb{R}$), infatti il primo fattore è una somma di quadrati.

Dobbiamo fissare il valore delle tre costanti A, B e C tali che

$$\frac{x}{(x^2+4)(x-3)} = \frac{Ax+B}{x^2+4} + \frac{C}{x-3}.$$

Calcoliamo

$$\frac{x}{(x^2+4)(x-3)} = \frac{Ax+B}{x^2+4} + \frac{C}{x-3}.$$

$$\frac{Ax+B}{x^2+4} + \frac{C}{x-3} = \frac{(x-3)(Ax+B)+C(x^2+4)}{(x^2+4)(x-3)}$$
$$= \frac{Ax^2-3Ax+Bx-3B+Cx^2+4C}{(x^2+4)(x-3)}$$
$$= \frac{x^2(A+C)+x(B-3A)+4C-3B}{(x^2+4)(x-3)},$$

per cui

$$\frac{x}{\cancel{(x^2+4)(x-3)}} = \frac{x^2(A+C)+x(B-3A)+4C-3B}{\cancel{(x^2+4)(x-3)}}.$$

Questa espressione deve essere un'identità (valida $\forall x$), dobbiamo quindi uguagliare i coefficienti delle potenze di x di ambo i membri.
Si ha

$$\begin{cases} A+C=0 \\ B-3A=1 \\ 4C-3B=0 \end{cases}, \quad \begin{cases} C=-A \\ B-3A=1 \\ 4C-3B=0 \end{cases},$$

5.21 Esercizio 21

$$\begin{cases} C = -A \\ B - 3A = 1 \\ -4A - 3B = 0 \end{cases}, \quad \begin{cases} C = -A \\ 3B - 9A = 3 \\ -4A - 3B = 0 \end{cases}.$$

Sommiamo ambo i membri delle ultime due equazioni

$$3B - 9A - 4A - 3B = 3, \quad -13A = 3$$

da cui

$$A = -\frac{3}{13}$$

e il sistema diventa

$$\begin{cases} C = -A \\ A = -3/13 \\ B = -4A/3 \end{cases}, \quad \begin{cases} C = 3/13 \\ A = -3/13 \\ B = -4/3 \cdot (-3/13) \end{cases},$$

da cui infine

$$\begin{cases} C = 3/13 \\ A = -3/13 \\ B = 4/13 \end{cases}.$$

L'integrale da calcolare assume la forma

$$\int \frac{x}{(x^2+4)(x-3)} dx = \frac{1}{13} \int \left(\frac{-3x+4}{x^2+4} + \frac{3}{x-3} \right) dx.$$

Il secondo integrale vale

$$\int \frac{3}{x-3} dx = 3\log|x-3| + c_1,$$

con $c_1 \in \mathbb{R}$, mentre per il primo integrale scriviamo

$$\int \frac{-3x+4}{x^2+4} dx = -3 \int \frac{x}{x^2+4} dx + 4 \int \frac{1}{x^2+4} dx$$
$$= -\frac{3}{2} \int \frac{2x}{x^2+4} dx + 2 \int \frac{1/2}{1+(x/2)^2} dx$$
$$= -\frac{3}{2} \log(x^2+4) + 2\arctan\left(\frac{x}{2}\right) + c_2,$$

con $c_2 \in \mathbb{R}$, dove abbiamo usato le seguenti formule generali

$$\int \frac{f'(x)}{f(x)} dx = \log|f(x)| + c_3,$$

e

$$\int \frac{f'(x)}{1+f^2(x)} dx = \arctan[f(x)] + c_4,$$

5.21 Esercizio 21

con $c_3, c_4 \in \mathbb{R}$.

Mettendo insieme i risultati si arriva a

$$\int \frac{x}{(x^2+4)(x-3)}dx = \frac{3}{13}\log|x-3| - \frac{3}{26}\log(x^2+4)$$
$$+ \frac{2}{13}\arctan\left(\frac{x}{2}\right) + c,$$

con $c \in \mathbb{R}$.

5.22 Esercizio 22

Testo

Si calcoli il seguente integrale

$$\int (\sqrt{4-x^2}+1)^2 \, dx$$

Svolgimento

Riscriviamo l'integrale come

$$\int (\sqrt{4-x^2}+1)^2 \, dx = \int \left(2\sqrt{1-(x/2)^2}+1\right)^2 dx$$

ed effettuiamo la sostituzione

$$\frac{x}{2} = \sin y, \qquad dx = 2\cos y \, dy,$$

con

$$\cos^2 y + \sin^2 y = 1 \quad \to \quad \cos^2 y = 1 - \sin^2 y = 1 - \frac{x^2}{4},$$

ottenendo

$$\int (\sqrt{4-x^2}+1)^2 \, dx = 2\int (2|\cos y|+1)^2 \cos y \, dy$$
$$= \int (8\cos^2 y + 2 + 8|\cos y|) \cos y \, dy$$
$$= \int (8\cos^3 y + 2\cos y + 8\cos^2 y) \, dy.$$

5.22 Esercizio 22

Scriviamo

$$\int (\sqrt{4-x^2}+1)^2 \, dx = 8I_1 + 2I_2 + 8I_3,$$

dove abbiamo posto

$$I_1 = \int \cos^3 y \, dy, \qquad I_2 = \int \cos y \, dy$$

e

$$I_3 = \int \cos^2 y \, dy.$$

Calcoliamo i tre integrali separatamente, per il primo possiamo procedere integrando per parti, scrivendo

$$I_1 = \int \cos^3 y \, dy = \int \cos^2 y \cdot \cos y \, dy.$$

Integriamo $\cos y$ e deriviamo $\cos^2 y$, da cui

$$\int \cos^3 y \, dy = \cos^2 y \sin y - \int (-2\cos y \sin y)(\sin y) \, dy,$$

cioè

$$\int \cos^3 y \, dy = \cos^2 y \sin y + 2 \int \cos y \sin^2 y \, dy.$$

Grazie alla relazione fondamentale

$$\sin^2 y + \cos^2 y = 1, \qquad \sin^2 y = 1 - \cos^2 y,$$

si può scrivere

$$\int \cos^3 y \, dy = \cos^2 y \sin y + 2 \int \cos y (1 - \cos^2 y) \, dy$$
$$= \cos^2 y \sin y + 2 \int \cos y \, dy - 2 \int \cos^3 y \, dy$$
$$= \cos^2 y \sin y + 2 \sin y - 2 \int \cos^3 y \, dy,$$

da cui

$$3 \int \cos^3 y \, dy = \cos^2 y \sin y + 2 \sin y + c_1,$$

con $c_1 \in \mathbb{R}$ e quindi

$$I_1 = \frac{\cos^2 y \sin y + 2 \sin y}{3} + c_1/3.$$

Il secondo integrale è immediato, si ha infatti

$$I_2 = \int \cos y \, dy = \sin y + c_2,$$

5.22 Esercizio 22

con $c_2 \in \mathbb{R}$.

Procediamo con il calcolo del terzo integrale

$$I_3 = \int \cos^2 y \, dy,$$

il cui risultato è mostrato in Eq. (2.1), ovvero

$$I_3 = \frac{y + \cos y \sin y}{2} + c_3,$$

con $c_3 \in \mathbb{R}$.

Mettendo insieme i vari risultati si ottiene

$$\int (\sqrt{4-x^2}+1)^2 \, dx = 8I_1 + 2I_2 + 8I_3$$
$$= 8\left(\frac{\cos^2 y \sin y + 2\sin y}{3} + \frac{c_1}{3}\right)$$
$$+ 2(\sin y + c_2)$$
$$+ 8\left(\frac{y + \cos y \sin y}{2} + c_3\right),$$

che può essere scritto anche come

$$\int (\sqrt{4-x^2}+1)^2 \, dx = 8\left(\frac{\cos^2 y \sin y + 2\sin y}{3}\right)$$
$$+ 2\sin y + 4(y + \cos y \sin y) + c,$$

dove abbiamo riunito tutte le costanti in c, con
$$c = \frac{8c_1}{3} + 2c_2 + 4c_3.$$

Effettuiamo ancora un'ultima semplificazione
$$\int (\sqrt{4-x^2}+1)^2 dx = \frac{22}{3}\sin y + \frac{8}{3}\cos^2 y \sin y + 4y + 4\cos y \sin y + c.$$

Dobbiamo ricondurci alla variabile x, tramite la sostituzione iniziale
$$\sin y = \frac{x}{2}, \quad \cos^2 y = 1 - \frac{x^2}{4}.$$

Calcolando si ottiene
$$\int (\sqrt{4-x^2}+1)^2 dx = \frac{11}{3}x + \frac{4}{3}\left(1 - \frac{x^2}{4}\right)x + 4\arcsin\left(\frac{x}{2}\right) + 2x\sqrt{1 - \frac{x^2}{4}} + c,$$

da cui infine
$$\int (\sqrt{4-x^2}+1)^2 dx = 5x - \frac{1}{3}x^3 + 4\arcsin\left(\frac{x}{2}\right) + x\sqrt{4-x^2} + c.$$

5.23 Esercizio 23

Testo

Si calcoli il seguente integrale

$$\int x^2 e^{2x}\, dx$$

Svolgimento

Integriamo per parti, derivando x^2 e integrando l'esponenziale,

$$\int x^2 e^{2x}\, dx = x^2 \frac{e^{2x}}{2} - \frac{1}{2}\int 2x e^{2x}\, dx = \frac{x^2 e^{2x}}{2} - \int x e^{2x}\, dx,$$

infatti

$$\int e^{2x}\, dx = \frac{e^{2x}}{2} + c_1,$$

con $c_1 \in \mathbb{R}$.

Possiamo integrare di nuovo per parti l'ultimo integrale a secondo membro, ottenendo

$$\int x e^{2x}\, dx = x\frac{e^{2x}}{2} - \frac{1}{2}\int e^{2x}\, dx = \frac{x e^{2x}}{2} - \frac{e^{2x}}{4} - c,$$

con $c \in \mathbb{R}$ e l'integrale iniziale diventa

$$\int x^2 e^{2x} dx = \frac{x^2 e^{2x}}{2} - \frac{xe^{2x}}{2} + \frac{e^{2x}}{4} + c$$
$$= \left(x^2 - x + \frac{1}{2}\right)\frac{e^{2x}}{2} + c.$$

5.24 Esercizio 24

Testo

Si calcoli il seguente integrale

$$\int \frac{\sin x \cos x}{1+\sin x} dx$$

Svolgimento

Procediamo con la sostituzione

$$y = \sin x,$$

da cui il differenziale

$$dy = \cos x \, dx,$$

sostituendo si ottiene

$$\int \frac{\sin x \cos x}{1+\sin x} dx = \int \frac{y \cos x}{1+y} \frac{dy}{\cos x} = \int \frac{y}{1+y} dy.$$

Ci siamo ricondotti a un integrale più semplice, infatti possiamo scrivere

$$\int \frac{y}{1+y} dy = \int \frac{y+1-1}{1+y} dy = \int dy - \int \frac{1}{1+y} dy,$$

cioè
$$\int \frac{y}{1+y} dy = y - \log|1+y| + c,$$
con $c_1 \in \mathbb{R}$.

Nella variabile x si ha infine
$$\int \frac{\sin x \cos x}{1+\sin x} dx = \sin x - \log|1+\sin x| + c.$$

5.25 Esercizio 25

Testo

Si calcoli il seguente integrale

$$\int \frac{2}{x^2 - 2x + 1} dx$$

Svolgimento

Riconosciamo subito che il denominatore si può scomporre come

$$x^2 - 2x + 1 = (x-1)^2,$$

quindi l'integrale da calcolare diventa

$$\int \frac{2}{x^2 - 2x + 1} dx = 2 \int \frac{1}{(x-1)^2} dx = 2 \int (x-1)^{-2} dx.$$

Si tratta di un integrale elementare riconducibile alla forma generale

$$\int f^\alpha(x) \cdot f'(x) \, dx = \frac{f^{\alpha+1}(x)}{\alpha + 1} + c,$$

con $c \in \mathbb{R}$.

Si ottiene

$$\int \frac{2}{x^2 - 2x + 1} dx = 2 \frac{(x-1)^{-2+1}}{-2+1} + c,$$

essendo
$$(x-1)' = 1.$$

Il risultato è dunque
$$\int \frac{2}{x^2 - 2x + 1} dx = -\frac{2}{x-1} + c.$$

5.26 Esercizio 26

Testo

Si calcoli il seguente integrale
$$\int e^x \cos^2 x \, dx$$

Svolgimento

Grazie alla formula di Eulero per il coseno
$$\cos x = \frac{e^{ix} + e^{-ix}}{2},$$

dove i è l'unità immaginaria, con la proprietà $i^2 = -1$, possiamo scrivere

$$\int e^x \cos^2 x \, dx = \int e^x \left(\frac{e^{ix} + e^{-ix}}{2} \right)^2 dx$$

$$= \int e^x \left(\frac{e^{2ix} + e^{-2ix} + 2e^{ix}e^{-ix}}{4} \right) dx$$

$$= \frac{1}{4} \int \left(e^{(2i+1)x} + e^{(-2i+1)x} + 2e^x \right) dx.$$

Svolgendo i calcoli

$$\int e^x \cos^2 x \, dx = \frac{1}{4} \left(\frac{e^{(2i+1)x}}{2i+1} + \frac{e^{(-2i+1)x}}{-2i+1} + 2e^x \right) + c_1,$$

con $c_1 \in \mathbb{R}$.

Si hanno

$$\frac{e^{(2i+1)x}}{2i+1} = \frac{e^{(2i+1)x}}{2i+1}\left(\frac{-2i+1}{-2i+1}\right) = \frac{-2ie^{2ix}+e^{2ix}}{5}e^x$$

e

$$\frac{e^{(-2i+1)x}}{-2i+1} = \frac{e^{(-2i+1)x}}{-2i+1}\left(\frac{2i+1}{2i+1}\right) = \frac{2ie^{-2ix}+e^{-2ix}}{5}e^x,$$

da cui

$$\int e^x \cos^2 x \, dx = \frac{1}{4}e^x\left(\frac{-2ie^{2ix}+e^{2ix}}{5}\right.$$
$$\left. + \frac{2ie^{-2ix}+e^{-2ix}}{5}+2\right)+c_1.$$

Possiamo scrivere

$$\int e^x \cos^2 x \, dx = \frac{1}{4}e^x\left(\frac{-2i(e^{2ix}-e^{-2ix})}{5}\right.$$
$$\left. + \frac{e^{2ix}+e^{-2ix}}{5}+2\right)+c_1 = \frac{e^x}{4}$$
$$\cdot \left(\frac{-2i(2i\sin(2x))}{5}+\frac{2\cos(2x)}{5}+2\right)+c_1,$$

5.26 Esercizio 26

avendo usato le formule di Eulero per il seno e il coseno, nella forma

$$e^{ix} - e^{-ix} = 2i\sin x, \qquad e^{ix} + e^{-ix} = 2\cos x.$$

Infine l'integrale vale

$$\int e^x \cos^2 x \, dx = \frac{e^x}{10}(2\sin(2x) + \cos(2x) + 5) + c,$$

con $c \in \mathbb{R}$.

5.27 Esercizio 27

Testo

Si calcoli il seguente integrale

$$\int \frac{1}{4\sqrt{x-1}-x-3} dx$$

Svolgimento

Possiamo effettuare la sostituzione

$$y = \sqrt{x-1}, \qquad dy = \frac{1}{2\sqrt{x-1}} dx = \frac{1}{2y} dx,$$

da cui

$$dx = 2y\, dy, \qquad x = y^2 + 1$$

e l'integrale da calcolare diventa

$$\int \frac{1}{2\sqrt{x-1}-x-3} dx = \int \frac{1}{4y-(y^2+1)-3} 2y\, dy$$

$$= \int \frac{2y}{4y-y^2-4} dy$$

$$= -\int \frac{2y}{(y-2)^2} dy.$$

5.27 Esercizio 27

Scomponiamo la funzione integranda in questo modo

$$\frac{2y}{(y-2)^2} = \frac{A}{y-2} + \frac{B}{(y-2)^2},$$

dove A e B sono due costanti da calcolare. Per farlo scriviamo

$$\begin{aligned}\frac{A}{y-2} + \frac{B}{(y-2)^2} &= \frac{A(y-2)+B}{(y-2)^2} \\ &= \frac{Ay - 2A + B}{(y-2)^2}.\end{aligned}$$

Affinché l'espressione precedente sia un'identità dobbiamo uguagliare i coefficienti delle potenze di y di ambo i membri (una volta semplificati i denominatori). Dall'espressione

$$\frac{2y}{\cancel{(y-2)^2}} = \frac{Ay - 2A + B}{\cancel{(y-2)^2}},$$

poniamo

$$\begin{cases} A = 2 \\ -2A + B = 0 \end{cases}, \quad \begin{cases} A = 2 \\ B = 4 \end{cases},$$

per cui l'integrale da calcolare diventa

$$\int \frac{2y}{(y-2)^2} dy = 2 \int \frac{1}{y-2} dy + 4 \int \frac{1}{(y-2)^2} dy,$$

cioè

$$\begin{aligned}
\int \frac{2y}{(y-2)^2} dy &= 2\log|y-2| + 4 \int (y-2)^{-2} dy \\
&= 2\log|y-2| + 4 \frac{(y-2)^{-2+1}}{-2+1} - c \\
&= 2\log|y-2| - 4(y-2)^{-1} - c \\
&= 2\log|y-2| - \frac{4}{y-2} - c,
\end{aligned}$$

con $c \in \mathbb{R}$.

Ricordando le relazioni

$$y = \sqrt{x-1}, \quad x = y^2 + 1,$$

scriviamo

$$\begin{aligned}
\int \frac{1}{4\sqrt{x-1} - x - 3} dx &= -\int \frac{2y}{(y-2)^2} dy \\
&= \frac{4}{y-2} - 2\log|y-2| + c,
\end{aligned}$$

5.27 Esercizio 27

da cui il risultato finale

$$\int \frac{1}{4\sqrt{x-1}-x-3}dx = \frac{4}{\sqrt{x-1}-2} - 2\log|\sqrt{x-1}-2|+c.$$

5.28 Esercizio 28

Testo

Si calcoli il seguente integrale

$$\int \frac{3x+1}{x^2-5x-14}\,dx$$

Svolgimento

L'integranda è una funzione razionale, cioè data dal rapporto di due polinomi. Per scomporre il polinomio a denominatore calcoliamo le soluzioni dell'equazione

$$x^2 - 5x - 14 = 0,$$

che ha discriminante

$$\Delta = (-5)^2 - 4(1)(-14) = 25 + 56 = 81 = 9^2,$$

da cui

$$x_{1,2} = \frac{5 \pm 9}{2},$$

cioè

$$x_1 = 7, \quad x_2 = -2.$$

5.28 Esercizio 28

L'integrale da calcolare diventa
$$\int \frac{3x+1}{x^2-5x-14}dx = \int \frac{3x+1}{(x-7)(x+2)}dx,$$
scriviamo
$$\frac{3x+1}{(x-7)(x+2)} = \frac{A}{x-7} + \frac{B}{x+2},$$
dove A e B sono due costanti che vanno calcolate. Scriviamo
$$\begin{aligned}\frac{A}{x-7} + \frac{B}{x+2} &= \frac{A(x+2)+B(x-7)}{(x-7)(x+2)}\\ &= \frac{Ax+2A+Bx-7B}{(x-7)(x+2)}\\ &= \frac{(A+B)x+2A-7B}{(x-7)(x+2)}.\end{aligned}$$

Dobbiamo uguagliare i coefficienti delle potenze di x di entrambi i numeratori. Dall'espressione
$$\frac{3x+1}{\cancel{(x-7)(x+2)}} = \frac{(A+B)x+2A-7B}{\cancel{(x-7)(x+2)}},$$
si ha
$$\begin{cases} A+B=3 \\ 2A-7B=1 \end{cases}, \qquad \begin{cases} 2A+2B=6 \\ 2A-7B=1 \end{cases},$$

$$\begin{cases} 2B+7B=6-1 \\ 2A-7B=1 \end{cases}, \quad \begin{cases} 9B=5 \\ A=(7B+1)/2 \end{cases},$$

$$\begin{cases} B=5/9 \\ A=(35/9+1)/2 \end{cases}, \quad \begin{cases} B=5/9 \\ A=22/9 \end{cases}$$

e la funzione integranda può essere scomposta come

$$\frac{3x+1}{(x-7)(x+2)} = \frac{22}{9}\frac{1}{x-7} + \frac{5}{9}\frac{1}{x+2}.$$

L'integrale diventa

$$\int \frac{3x+1}{x^2-5x-14}dx = \frac{22}{9}\int \frac{1}{x-7}dx + \frac{5}{9}\int \frac{1}{x+2}dx,$$

i due integrali a secondo membro valgono

$$\int \frac{1}{x-7}dx = \log|x-7| + c_1$$

e

$$\int \frac{1}{x+2}dx = \log|x+2| + c_2,$$

con $c_1, c_2 \in \mathbb{R}$.

L'integrale richiesto diventa infine

$$\int \frac{3x+1}{x^2-5x-14}dx = \frac{22}{9}\log|x-7| + \frac{5}{9}\log|x+2| + c,$$

5.28 Esercizio 28

con $c = c_1 + c_2$.

5.29 Esercizio 29

Testo

Si calcoli il seguente integrale

$$\int \frac{1}{\cos x} dx$$

Svolgimento

Poniamo $y = \tan(x/2)$ e procediamo per sostituzione. Si hanno

$$x = 2\arctan y, \quad dx = \frac{2}{1+y^2} dy,$$

e, dalle formule di bisezione, sappiamo che

$$\cos x = \frac{1 - \tan^2(x/2)}{1 + \tan^2(x/2)} = \frac{1 - y^2}{1 + y^2}.$$

L'integrale da calcolare diventa

$$\int \frac{1}{\cos x} dx = \int \frac{1+y^2}{1-y^2} \frac{2}{1+y^2} dy$$
$$= \int \frac{2}{1-y^2} dy = 2 \int \frac{1}{(1-y)(1+y)}.$$

Poniamo

$$\frac{1}{(1-y)(1+y)} = \frac{A}{1-y} + \frac{B}{1+y},$$

5.29 Esercizio 29

dove A e B sono due costanti che devono essere calcolate.
Si ha

$$\frac{A}{1-y} + \frac{B}{1+y} = \frac{A(1+y)+B(1-y)}{(1-y)(1+y)}$$
$$= \frac{A+Ay+B-By}{(1-y)(1+y)}$$
$$= \frac{(A-B)y+A+B}{(1-y)(1+y)}$$

e

$$\frac{1}{(1-y)(1+y)} = \frac{(A+B)y+A-B}{(1-y)(1+y)}.$$

Uguagliando i coefficienti delle potenze di y di ambo i membri si ottiene

$$\begin{cases} A-B=0 \\ A+B=1 \end{cases}, \quad \begin{cases} A=B \\ B+B=1 \end{cases},$$

$$\begin{cases} A=B \\ B=1/2 \end{cases}, \quad \begin{cases} A=1/2 \\ B=1/2 \end{cases}$$

e l'integrale da calcolare diventa

$$\int \frac{1}{(1-y)(1+y)}dy = \frac{1}{2}\int \frac{1}{1-y}dy + \frac{1}{2}\int \frac{1}{1+y}dy$$
$$= -\frac{1}{2}\int \frac{-1}{1-y}dy + \frac{1}{2}\int \frac{1}{1+y}dy$$
$$= -\frac{1}{2}\log|1-y| + \frac{1}{2}\log|1+y| + c_1,$$

con $c_1 \in \mathbb{R}$.

Ricordando la sostituzione effettuate, cioè $y = \tan(x/2)$, otteniamo

$$\int \frac{1}{\cos x}dx = 2\int \frac{1}{(1-y)(1+y)} + 2c_1$$
$$= -\log|1-y| + \log|1+y|$$
$$= \log\left|1+\tan\left(\frac{x}{2}\right)\right| - \log\left|1-\tan\left(\frac{x}{2}\right)\right|$$
$$+ 2c_1 = \log\left|\frac{1+\tan(x/2)}{1-\tan(x/2)}\right| + c,$$

con $c = 2c_1$.

5.30 Esercizio 30

Testo

Si calcoli il seguente integrale

$$\int \log\left(1 - 3\sqrt{x}\right) dx$$

Svolgimento

Effettuiamo la sostituzione

$$y = 1 - 3\sqrt{x},$$

da cui

$$\sqrt{x} = \frac{1-y}{3}$$

e

$$\frac{1}{2\sqrt{x}} dx = -\frac{1}{3} dy,$$

da cui

$$dx = -\frac{2}{3}\sqrt{x}\, dy = -\frac{2}{9}(1-y)\, dy.$$

L'integrale diventa

$$-\frac{2}{9} \int \log(y)(1-y)\, dy$$

e può essere integrato per parti

$$-\frac{2}{9}\int \log(y)(1-y)\,dy = -\frac{2}{9}\left(y-\frac{y^2}{2}\right)\log(y)$$
$$+ \frac{2}{9}\int \left(y-\frac{y^2}{2}\right)\frac{1}{y}\,dy.$$

Dall'ultimo integrale si ottiene

$$\int \left(y-\frac{y^2}{2}\right)\frac{1}{y}\,dy = \int \left(1-\frac{y}{2}\right)\,dy$$
$$= y-\frac{y^2}{4}+c_1,$$

con $c_1 \in \mathbb{R}$ e di conseguenza

$$-\frac{2}{9}\int \log(y)(1-y)\,dy = -\frac{2}{9}\left(y-\frac{y^2}{2}\right)\log(y)$$
$$+ \frac{2}{9}y - \frac{1}{9}\frac{y^2}{2} + \frac{2}{9}c_1.$$

Ricordando la sostituzione

$$y = 1 - 3\sqrt{x},$$

5.30 Esercizio 30

otteniamo

$$\int \log(1-3\sqrt{x})\,dx = -\frac{2}{9}\left(1-3\sqrt{x}-\frac{(1-3\sqrt{x})^2}{2}\right)$$
$$\cdot \log(1-3\sqrt{x})+\frac{2}{9}(1-3\sqrt{x})$$
$$-\frac{1}{9}\frac{(1-3\sqrt{x})^2}{2}+\frac{2}{9}c_1.$$

Semplificando

$$\int \log(1-3\sqrt{x})\,dx = -\frac{2}{9}\left(\frac{2-6\sqrt{x}-1-9x+6\sqrt{x}}{2}\right)$$
$$\cdot \log(1-3\sqrt{x})+\frac{2}{9}-\frac{2}{3}\sqrt{x}$$
$$-\frac{1+9x-6\sqrt{x}}{18}+\frac{2}{9}c_1,$$

da cui

$$\int \log(1-3\sqrt{x})\,dx = \left(\frac{9x-1}{9}\right)\log(1-3\sqrt{x})$$
$$+\frac{1}{6}-\frac{2}{3}\sqrt{x}-\frac{x}{2}+\frac{\sqrt{x}}{3}+\frac{2}{9}c_1,$$

e infine

$$\int \log(1+\sqrt{x})\,dx = \left(x-\frac{1}{9}\right)\log(1-3\sqrt{x})$$
$$-\frac{\sqrt{x}}{3}-\frac{x}{2}+c,$$

con
$$c = \frac{1}{6} + \frac{2}{9}c_1.$$

www.ingramcontent.com/pod-product-compliance
Lightning Source LLC
Chambersburg PA
CBHW080457220526
45465CB00006B/2297